三次元画像計測の基礎
― バンドル調整の理論と実践 ―

一般社団法人 日本写真測量学会 編

東京電機大学出版局

東京電機大学出版局

本書に登場する製品名やシステム名などは，一般に各開発会社の商標または登録商標です．本文中では基本的に ® や ™ などは省略しました．

刊行にあたって

　日本写真測量学会は2012年5月に50周年を迎えましたが，50周年の記念企画としてバンドル調整の出版を提案したのが本書刊行にいたる最初でした。その中で，まず学会誌に講座として連載してから出版に移るということになり，学会誌の第51巻1号（2012）より第1回目の講座がスタートし，第52巻2号（2013）まで合計8回の講座が連載されました。その後，バンドル法出版委員会でさらに検討が行われこのような形に集大成されたことを喜ぶとともに誇りに思う次第です。

　写真測量は19世紀にカメラが発明されてから約180年，国際写真測量とリモートセンシング学会が創設されてから約110年と長きに渡り先端的学問領域として発展してきました。この長い歴史の中で写真測量はアナログからデジタルへと発展し，近年ではコンピュータービジョンとの融合のもとに急成長を続けていますが，核心的理論は今でも20世紀半ばに写真測量の分野で開発されたバンドル調整です。過去，写真測量の終焉を迎えるような局面が何回かありました。たとえば，航空写真測量における自動標定システムの開発やレーザ測量の普及でした。しかしながら，センサやコンピュータの技術革新に合わせてバンドル調整も進化を遂げ現在のバンドル調整を核とするデジタル写真測量では数千枚の画像の同時調整および三次元計測が可能となりました。そのため，デジタル写真測量は地形測量のほかに，地質，測地，地理調査，土木工学，農業，林学，工業計測，文化財調査・計測，災害，雪氷，人体計測など幅広い分野において利用されるにいたっています。

　日本写真測量学会は1983年6月に初めての自費出版本として『解析写真測量』を発行して以来，『解析写真測量』は写真測量を勉強しようする者の教科書として息の長いベストセラーとなり版を重ねていますが，本書ではデジタル写真測量時代に適合したバンドル調整の理論とその応用を解説しています。また，本書ではインターネットに公開されているオープンソースを利用してコンピュータへの実装を行ううえでの留意点も解説されているほか，20世紀半ばからの写真測量分野におけるバンドル調整の歴史も詳細に記載しています。本書はバンドル調整の理論・実装・歴史を勉強するうえで良き指導書になるものと確信しています。

本書の執筆にはデジタル写真測量を専門とする研究者・技術者が参加し，日本写真測量学会の総力を挙げて取り組みました．本書がバンドル調整を利用しようと志す技術者や研究者の一助になることを期待しています．

2016 年 4 月

一般社団法人　日本写真測量学会会長
東京電機大学教授　　近津　博文

はじめに

　本書は，写真測量の分野で発展し，近年コンピュータビジョンの分野でも利用が広がっているバンドル調整を取り扱う．バンドル調整は，多数の写真から位置・姿勢と画像内の対象の位置を同時に決定する三次元画像計測の基礎技術である．

　バンドル調整のアイデアの起源は古く，Joanne Zahn の "OCULUS ARTIFIALIS TELEDIOPTRICUS SIVE TELESCOPUM"（1685）には複数の視点から物体の形状を復元するアイデアが見られる．バンドル調整の数値的解法は1950年代に大陸間弾道ミサイルの軌跡を写真から解析する技術として開発され，汎用性の高い三次元画像計測技術として写真測量の分野を中心に発展してきた．

　バンドル調整は，画像上に写っている地物の座標を取得し，解析することにより写真の位置と姿勢，および地物の座標を計算する．1990年代ごろからデジタルカメラが普及したことにより，写真測量やコンピュータビジョンの分野で自動化が進められ，今では写真測量の知識がなくても三次元点群や三次元モデルを取得することが可能となった．その一方で自動的に得られた三次元点群の精度をどのように確保することができるか，撮影方法や精度管理方法については近年でも議論が続いている．

　本書は以上のような歴史を持つバンドル調整について，あらためて写真測量の立場から解説する．本書は経緯を踏まえてバンドル調整を適切に利用してもらうため，初期値の設定が容易な人の目と同様の配置で撮影した写真でバンドル調整による処理を行うところから議論を始め，その特徴を明らかにするとともに，自由な視点から，あるいは動きながら撮影した写真を用いたバンドル調整の解法へと議論を進める．

　第1章では，写真測量を概説するとともにバンドル調整の発達の経緯を整理する．

　第2章では，古典的な写真測量で使用される座標系について解説する．

　第3章では，古典的な空中写真測量に適用されたバンドル法を例に，バンドル法の具体的な解法について解説する．

第 4 章では，地上における写真測量でのバンドル調整の利用について述べる。

第 5 章では，とくに高精度な計測が要求されるバンドル法で要求されるフリーネットワークについて解説する。

第 6 章では，精度を極限まで要求する精密工業計測における適用について解説する。

第 7 章では，コンピュータビジョンにおけるバンドル調整の適用について解説する。

第 8 章では，インターネット上で公開されているバンドル調整のオープンソースを取り上げ，実装する場合の留意点を解説する。

最後に付録として，バンドル調整と空中写真測量の歴史をレビューする。

2016 年 4 月

筆者一同

目　次

刊行にあたって……………………………………………………………………………… i
はじめに……………………………………………………………………………………… iii

第1章　写真測量とバンドル調整の基礎
1.1　写真測量とは………………………………………………………………………… 1
　　1.1.1　写真測量と視覚 ……………………………………………………………… 1
　　1.1.2　写真と測量 …………………………………………………………………… 2
　　1.1.3　写真とコンピュータビジョン ……………………………………………… 3
1.2　写真測量の原理……………………………………………………………………… 4
　　1.2.1　三角測量 ……………………………………………………………………… 4
　　1.2.2　写真測量と三角測量 ………………………………………………………… 5
　　1.2.3　ステレオ写真と測量の原理 ………………………………………………… 7
　　1.2.4　標　定 ………………………………………………………………………… 9
　　1.2.5　カメラモデルと共線条件と共面条件 ……………………………………… 10
　　1.2.6　ステレオモデルと標定 ……………………………………………………… 15
1.3　バンドル調整と写真測量…………………………………………………………… 15
　　1.3.1　バンドル調整とは …………………………………………………………… 15
　　1.3.2　空中写真測量におけるバンドル調整 ……………………………………… 16
　　1.3.3　バンドル調整の基本手順 …………………………………………………… 17
1.4　バンドル調整の方法………………………………………………………………… 19
　　1.4.1　同時調整 ……………………………………………………………………… 19
　　1.4.2　カメラキャリブレーション（セルフキャリブレーション）…………… 19
　　1.4.3　精密計測 ……………………………………………………………………… 20
　　1.4.4　Structure from Motion ……………………………………………………… 20
参考文献 …………………………………………………………………………………… 20

第2章　写真測量で使用される座標系
2.1　機械座標系…………………………………………………………………………… 21
2.2　写真座標系…………………………………………………………………………… 22
2.3　カメラ座標系………………………………………………………………………… 23
2.4　絶対座標系…………………………………………………………………………… 23
参考文献 …………………………………………………………………………………… 24

第3章　空中三角測量におけるバンドル調整
3.1　準　備………………………………………………………………………………… 25
3.2　観測方程式と正規方程式…………………………………………………………… 28
　　3.2.1　数学モデル …………………………………………………………………… 28
　　3.2.2　観測方程式 …………………………………………………………………… 29
　　3.2.3　正規方程式 …………………………………………………………………… 33
　　3.2.4　重　み ………………………………………………………………………… 34

　　　　3.2.5　正規方程式の構造 ································· 38
　　　　3.2.6　縮　約 ··· 40
　3.3　非線形最小二乗法の解法 ····································· 44
　　　　3.3.1　連立一次方程式の解法（ソルバー） ················· 44
　　　　3.3.2　疎行列 ··· 44
　3.4　実　装 ··· 48
　　　　3.4.1　処理フロー ····································· 48
　　　　3.4.2　初期化フェイズ ································· 48
　　　　3.4.3　反復計算フェイズ ······························· 49
　　　　3.4.4　評価フェイズ ··································· 50
　3.5　調整結果の評価 ·· 51
　　　　3.5.1　作業規程の準則の基準 ··························· 51
　　　　3.5.2　精度評価 ······································· 52
　3.6　付加パラメータの導入例 ···································· 53
　　　　3.6.1　共線条件 ······································· 53
　　　　3.6.2　観測方程式 ····································· 54
　　　　3.6.3　正規方程式 ····································· 56
　　　　3.6.4　縮約正規方程式 ································· 56
　　　　3.6.5　縮約正規方程式の構造 ··························· 58
　3.7　空中三角測量におけるその他の事項 ·························· 59
　参考文献 ·· 60

第4章　地上写真測量におけるバンドル調整とカメラキャリブレーション
　4.1　地上写真測量におけるバンドル調整 ·························· 61
　　　　4.1.1　計測フロー ····································· 61
　　　　4.1.2　事前準備 ······································· 61
　　　　4.1.3　基準点の設置と撮影 ····························· 63
　　　　4.1.4　絶対標定 ······································· 63
　　　　4.1.5　計測・図化 ····································· 64
　　　　4.1.6　モデリング ····································· 65
　4.2　非計測用カメラにおけるセルフキャリブレーション ············ 66
　　　　4.2.1　セルフキャリブレーションつきバンドル調整 ········ 66
　　　　4.2.2　カメラキャリブレーションのための撮影方法 ········ 69
　　　　4.2.3　ズームレンズへの対応 ··························· 70
　　　　4.2.4　非計測用カメラの問題点 ························· 71
　4.3　地上写真測量の諸問題 ······································ 72
　　　　4.3.1　基準点，タイポイントの設置と撮影方法 ············ 72
　　　　4.3.2　バンドル調整と標定問題 ························· 74
　4.4　今後の展開 ·· 79
　参考文献 ·· 80

第5章　フリーネットワークのバンドル調整への適用
　5.1　フリーネットワーク概要 ···································· 83
　　　　5.1.1　フリーネットワークとは ························· 83
　　　　5.1.2　写真測量分野でのフリーネットワークの研究 ········ 84

         5.1.3　フリーネットワークをより深く学ぶための資料 ………………… 84
　5.2　ネットワークデザイン …………………………………………………… 85
         5.2.1　ネットワークデザインとは …………………………………………… 85
         5.2.2　ZODと基準系 …………………………………………………………… 85
　5.3　擬似逆行列とフリーネットワーク ……………………………………… 87
         5.3.1　正則化 …………………………………………………………………… 87
         5.3.2　擬似逆行列 ……………………………………………………………… 89
         5.3.3　擬似逆行列を用いた解法の問題点 …………………………………… 89
　5.4　内的拘束法 ………………………………………………………………… 90
         5.4.1　最小ノルム解を与える拘束条件 ……………………………………… 90
         5.4.2　対象空間座標の分散を最小とする拘束条件 ………………………… 91
         5.4.3　内的拘束を与える行列Gの構成 ……………………………………… 92
         5.4.4　最小拘束法 ……………………………………………………………… 93
         5.4.5　内的拘束法の解法 ……………………………………………………… 94
         5.4.6　未知量となる変数を減らす解法 ……………………………………… 95
　5.5　基準系の変換 ……………………………………………………………… 96
         5.5.1　ヘルマート変換による対象空間座標の変換 ………………………… 96
         5.5.2　S変換 …………………………………………………………………… 96
　5.6　解析例 ……………………………………………………………………… 97
         5.6.1　シミュレーションの設定 ……………………………………………… 97
         5.6.2　計算結果 ………………………………………………………………… 98
　5.7　まとめ ……………………………………………………………………… 100
　参考文献 ………………………………………………………………………… 100

第6章　精密工業計測におけるバンドル調整とカメラキャリブレーション

　6.1　近接写真測量を用いた精密工業計測 …………………………………… 102
         6.1.1　精密工業計測の特徴 …………………………………………………… 102
         6.1.2　精密工業計測用カメラ ………………………………………………… 103
         6.1.3　精密工業計測での撮影方法 …………………………………………… 104
         6.1.4　ターゲットの利用 ……………………………………………………… 104
　6.2　撮影条件と条件式 ………………………………………………………… 105
         6.2.1　FOD ……………………………………………………………………… 105
         6.2.2　収束撮影 ………………………………………………………………… 106
         6.2.3　収束撮影できない場合 ………………………………………………… 108
         6.2.4　基準点・基準尺の利用 ………………………………………………… 109
　6.3　初期値取得法 ……………………………………………………………… 111
         6.3.1　初期値取得の問題 ……………………………………………………… 111
         6.3.2　後方交会法 ……………………………………………………………… 112
         6.3.3　初期値計算の手続き …………………………………………………… 113
　6.4　精密工業計測におけるカメラキャリブレーション …………………… 114
         6.4.1　誤差モデル ……………………………………………………………… 114
         6.4.2　撮像面の位置と傾き …………………………………………………… 115
         6.4.3　レンズ歪み ……………………………………………………………… 116
         6.4.4　歪曲収差パラメータの求め方 ………………………………………… 117

viii　目次

　　　　　6.4.5　現場での対応 ………………………………………………… 119
　　　参考文献 …………………………………………………………………… 119

第7章　コンピュータビジョンとバンドル調整
　　7.1　コンピュータビジョンと写真測量 ………………………………… 121
　　7.2　コンピュータビジョンにおけるバンドル調整 …………………… 123
　　　　　7.2.1　写真測量とコンピュータビジョン …………………………… 123
　　　　　7.2.2　コンピュータビジョンにおけるバンドル調整 ……………… 123
　　7.3　コンピュータビジョンにおける非線形最小二乗法 ……………… 125
　　　　　7.3.1　ガウス・ニュートン法 ………………………………………… 125
　　　　　7.3.2　Levenberg–Marquardt 法 …………………………………… 128
　　7.4　コンピュータビジョンにおけるステレオ画像幾何学 …………… 128
　　　　　7.4.1　ステレオ画像と三次元空間 …………………………………… 128
　　　　　7.4.2　エピポーラ拘束と相互標定 …………………………………… 131
　　　　　7.4.3　8点法と5点法 ………………………………………………… 134
　　参考文献 …………………………………………………………………… 136

第8章　オープンソースによるバンドル調整の適用
　　8.1　オープンソースの紹介 ………………………………………………… 138
　　8.2　本書との関係 …………………………………………………………… 139
　　8.3　コードの解説 …………………………………………………………… 139
　　　　　8.3.1　主な構成 ………………………………………………………… 140
　　　　　8.3.2　全体の流れ ……………………………………………………… 140
　　　　　8.3.3　コードの解説 …………………………………………………… 141

付　録　バンドル調整と空中写真測量の歴史
　　付.1　バンドル調整の起源 ………………………………………………… 155
　　付.2　バンドル調整の概念の萌芽と基本原理の研究 …………………… 156
　　付.3　本格的なバンドル調整の研究と実用化 …………………………… 159
　　付.4　セルフキャリブレーションつきバンドル調整 …………………… 162
　　　　　4.1　セルフキャリブレーションの概念と誤差モデル ……………… 162
　　　　　4.2　セルフキャリブレーションつきバンドル調整の研究 ………… 167
　　付.5　バンドル調整の実利用 ……………………………………………… 171
　　　　　5.1　バンドル調整の普及 ……………………………………………… 171
　　　　　5.2　わが国におけるバンドル調整の進展 …………………………… 171
　　付.6　GPS空中三角測量からデジタル空中三角測量の時代への展開 … 172
　　　　　6.1　GPS空中三角測量の研究 ……………………………………… 172
　　　　　6.2　GPS/IMUデータを利用したバンドル調整 …………………… 172
　　　　　6.3　デジタル空中三角測量とバンドル調整 ………………………… 173
　　　　　6.4　GNSS/IMUとデジタル航測カメラによる写真のバンドル調整 … 173
　　付.7　まとめ ………………………………………………………………… 174
　　参考文献 …………………………………………………………………… 174

索　引 ………………………………………………………………………………… 178

第1章

写真測量とバンドル調整の基礎

　バンドル調整は写真測量の中で発展してきた概念である．本章では最初に写真測量とは何かを概観する．次いでバンドル調整を写真測量の中で位置付ける．とくに空中写真測量で用いられるバンドル調整について，概念を整理するとともに，ブロック調整や空中三角測量など，古典的な写真測量の概念との関係を明らかにする．

1.1　写真測量とは

1.1.1　写真測量と視覚

　我々が生活している空間は三次元空間である．この三次元空間から情報を集めるための手段が視覚である．視覚を使って，我々は三次元空間を認識する．我々は物の配置，奥行き，地面の凸凹を瞬時に認識して自分が行くべき経路を決定する．

　視覚において実際に処理している情報は目の網膜上に写った像（映像）にすぎない．網膜は二次元的な広がりしかないので映像も二次元的である．

　視覚で得られるような映像をフィルムや印画紙，デジタル媒体に人工的に記録もしくは再現したものが写真である．我々が目で見ているのは時間変化していく映像，すなわち動画であるが，写真はある瞬間の映像を捉えたもの，すなわち静止画である．

　写真であれ網膜上の映像であれ二次元的であるが，その中には実世界における三次元空間の情報が詰め込まれている．実際，我々は視覚を通して見ている世界を三次元的な広がりのある世界だと認識する．また視覚を通して，自分が三次元空間のどこにいるか，どのように動いているかを認識する．三次元空間を認識するのは**マッピング**であり，三次元空間において自分がどこにいるのか（位置）とどのように動いているのか（姿勢）を認識するのは**ポジショニング**である．三次元空間の物体

が写る写真上の位置は，三次元空間における物体とカメラの位置関係と，写真を撮影時のカメラ姿勢やカメラの撮影諸元で決まる．このように，実世界の三次元空間を写真の二次元空間に変換する過程を**中心投影**，あるいは**投影**という．

1.1.2 写真と測量

写真測量とは，写真を用いて行う測量のことである．

測量とは，「地球上の自然または人工物（これを地物という）の位置関係を求め，これを数値や図で表現し，あるいはそれらの測量資料をもとにして種々の分析処理を行う一連の技術[1]」である．たとえば，地図を作る際，測量が役に立つ．

さて，絵地図的なものであれば，測量を行わなくとも地図を作ることが可能である．線や矩形を用いて自分の周囲の地図を描いた経験は誰しもあることであろう．しかし自分の記憶だけでは，周囲の状況を描き出すことは困難である．そんなとき，写真が役に立つ．

とくに空中から地表面を撮影した測量用写真を**空中写真**という．**航空写真**と呼ばれることも多いが，主に航空機から撮影されたものをいい，航空機以外の気球や人工衛星など様々な飛行体から撮影されたものを総称して空中写真と呼ぶ．

航空機の窓から撮影されたものあるいは航空機を傾けて，航空機の床に設置された航空カメラから撮影された空中写真を**斜め空中写真**という（図1.1）．斜め空中写真は小さな街であれば全体を写真1枚で捉えることも可能であるが，遠近で大きさ

図1.1　斜め空中写真

(a) アナログ航空写真（RC-30）　　（b) デジタル航空写真（DMC）

図 1.2　垂直空中写真

が大きく変わるので地図作成には適さない．地図を作成するために空中から地上に向けて撮影した空中写真で，空中写真から地図を描画する**機械式**あるいは**光学式**の**図化機**に適用できる範囲の傾き（カメラ軸からおおむね 5 度以内）で撮影されたものを**垂直空中写真**あるいは単に**垂直写真**という（図 1.2）．理想的に傾きがまったくなく真下に撮影されたものを**鉛直空中写真**あるいはたんに**鉛直写真**という．

これらの用語は 1971 年に日本写真測量学会用語委員会によって定義されたもので，測量分野ではこの定義が尊重されている．

しかし，単純に垂直空中写真をなぞるだけでは，精確な広域地図を整備することはできない．写真は 1 枚 1 枚撮影時の位置と姿勢が異なる．また起伏の影響で縮尺も均一ではない．高いところほど大きく写り，低いところほど小さく写る．これは近いところほど物が大きく，遠いところほど物が小さく見えるためである．

写真から，対象の位置や形を正しく計測するための測量手法が写真測量である．空中写真を使用する写真測量をとくに**空中写真測量**，地上で行う写真測量を**地上写真測量**と呼ぶ．

1.1.3　写真とコンピュータビジョン

動画や写真をリアルタイムに取得する**デジタルカメラ**あるいは**画像センサ**が発達

し，コンピュータで扱えるようになると，これらを利用してロボットの視覚を実現する研究が行われるようになった。ロボットの視覚に関する研究を行うのがコンピュータビジョンやロボットビジョンと呼ばれる分野である。

コンピュータビジョンにおいても人間の視覚と同じく，実世界の三次元空間を認識すること，そして自分が三次元空間の中のどこにいるか，どのように動いているか認識することが重要である。ロボットがこれを行うためには，自動的かつリアルタイムに処理を行わなければならない。写真測量に続いて登場したコンピュータビジョンは，**自動処理**や**リアルタイム処理**を志向した独自の理論を築き上げてきたが，マッピングやポジショニングについては写真測量の理論を導入・発展させたものも多い。本書で取り上げる**バンドル調整**もその1つといえる。

1.2 写真測量の原理

1.2.1 三角測量

写真測量は写真を用いた**三角測量**である。

三角測量は，既知点において未知点と既知点とのなす角を計測し，未知点の位置を決定する方法である。いま，図1.3のように既知点AとBにおいて，∠PABと∠PBAを計測したとする。AとBの距離Lも既知であり，一辺とその両端の角度が決定されると三角形の形状が一意的に決定できるので，点Pの位置も一意的に決定できる。これが**前方交会法**という三角測量の原理である。

角度の計測には，セオドライト（トランシットあるいは経緯儀ともいう）を使用する（図1.4）。セオドライトは方向角と鉛直角の両方を計測できるので，セオドラ

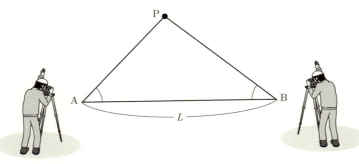

図1.3　二次元での三角測量（前方交会法）の概念図

図 1.4　セオドライト

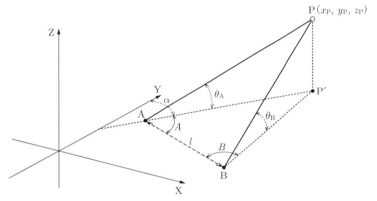

図 1.5　三次元三角測量（前方交会法）の概念図

イトを用いる場合には点 P の三次元位置を計測可能である（図 1.5）。

1.2.2　写真測量と三角測量

　三角測量は角度のみを計測することにより対象の位置を精密に計測できる手法であるが，基本的に既知点 A および B から同時に見える地点しか計測することができない。広域の地図を効率良く整備するためには，全体を見通せる場所にセオドライトを置くことができればよいがそれは不可能である。そこでセオドライトの代わりに写真を利用したものが写真測量である。

　図 1.6 のように写真を空中にある $\mathbf{O}_1(0, 0, 0)$ および $\mathbf{O}_2(B, 0, 0)$ から鉛直下向きに撮影したとする。三次元空間に存在する木の頂点座標を $\mathbf{P}(X_P, Y_P, Z_P)$ とする。写真上の位置は，$\mathbf{p}_1(x_1, y_1)$ および $\mathbf{p}_2(x_2, y_2)$ とする。画面距離を c とすると，$\mathbf{p}_1$ の三

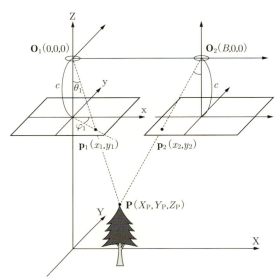

図 1.6　三角測量としての写真測量概念図

次元空間での位置は $(x_1, y_1, -c)$ であり，Z軸となす角 θ_1 は $\arctan\left(\sqrt{x_1^2 + y_1^2}/c\right)$，xy 平面内の方向角 φ_1 は $\arctan(y_1/x_1)$ である．すなわち，写真上の位置が角度（方向）に対応する．このように写真上の対応点の座標を測定することが，既知点2箇所において角度の測定を行うことに対応する．次々に対応点の位置を決定していけば，地図として必要となる地形や地物を描画することができる．

なお，**画面距離**とは，レンズ中心から光の結像する面までの鉛直距離をいう．画面距離に対して，レンズの中心から，太陽のような無限遠の位置から発せられ，地上では平行線とみなせるようになった光が結像する面までの鉛直距離は**焦点距離**（f と記述）といい，すべての光は焦点距離の位置にある面上で結像する．そのため，無限遠の被写体を写した場合には，画面距離と焦点距離は同じ位置となることを示しており，航空機から撮影する航空写真では画面距離と焦点距離が同じとみなせる．写真測量の応用分野は，長い間航空写真を使用した地図作成であったため，画面距離と焦点距離は区別せず使われていることが多かった．その結果，近接する被写体を写すことが多くなった現在においても，焦点距離と画面距離とが混同して使用されている場合が見受けられる．

1.2.3 ステレオ写真と測量の原理

我々は，二次元的な映像に変換されても三次元空間を認識することができる。認識の1つの方法が両眼視，すなわち左右の目で対象を見ることである。右目と左目では対象を見る位置が異なるため，見え方が異なる。これを用いて三次元空間を認識する。

また片目だけで対象物を見，その目の位置を移動すると，対象物の見え方は異なってくる。

左右の目，あるいは異なる位置からの写真においても，近いものほど大きく，遠いものほど小さく見える，あるいは写る。また，移動しながらの撮影では，連続する写真の写り方の違いによって速く移動しているのか遅く移動しているのかが分かる。つまり，速く移動しているほど見え方の違いは大きく，遅く移動しているほど見え方は変化が少ない。

人間のように2つのカメラで異なる位置から撮影した写真によるステレオを**両眼ステレオ**あるいは**二眼ステレオ**，1台のカメラで移動しながら撮影した写真によるステレオを**モーションステレオ**と呼ぶ。また2枚の映像の間の対象物の見え方の違い，つまり移動量を**視差**（図1.7内の a, b）という。

写真測量においては，最低2枚の写真を用いて位置を決定する。写真は別の位置から同時に撮影したもの（両眼ステレオ）でも，移動しながら撮影した2枚の写真（モーションステレオ）でもよい。計測したい対象物が重複して撮影されている2枚の

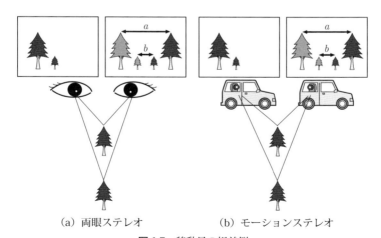

(a) 両眼ステレオ　　　(b) モーションステレオ

図1.7　移動量の視差例

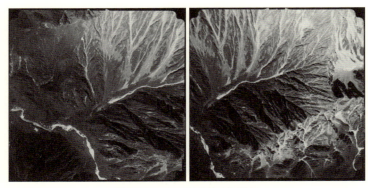

図 1.8 ステレオ写真（上高地）

写真のペアのことを**ステレオ写真**（ステレオペア）という（図 1.8）。

いま，三次元空間の点 $\mathbf{P}(X, Y, Z)$ が，ある場所で撮影した写真上の点 $\mathbf{p}(x, y)$ に投影されたとする。(X, Y, Z) と (x, y) の関係が，

$$x = F_x(X, Y, Z)$$
$$y = F_y(X, Y, Z)$$
(1.1)

で与えられるとしよう。F_x, F_y は，投影を表現する関数である。普通この方程式は撮影位置と写真上の位置，三次元点が物理的に一直線に並ぶことから導出され，**共線条件**という。

関数 F_x, F_y が分かっていたとしても，$\mathbf{P}$ の位置 (X, Y, Z) を 1 枚の写真からは推定することはできない。共線条件は未知数 3 つに対して式が 2 つしかないためである。もし X, Y, Z のうち 1 つ（たとえば Z）が分かっていれば，他の未知数を決定できる。

次に $\mathbf{P}$ が異なる 2 つの場所から撮影した写真 1 上の点 $\mathbf{p}_1(x_1, y_1)$，および写真 2 上の点 $\mathbf{p}_2(x_2, y_2)$ に投影されたとする。対応する写真上の位置 $\mathbf{p}_1$ および $\mathbf{p}_2$ を**対応点**あるいは**タイポイント**という（図 1.9）。

(X, Y, Z) と (x_1, y_1), (x_2, y_2) の関係が，

$$x_1 = F_{1x}(X, Y, Z), \quad y_1 = F_{1y}(X, Y, Z)$$
$$x_2 = F_{2x}(X, Y, Z), \quad y_2 = F_{2y}(X, Y, Z)$$
(1.2)

で与えられるとしよう。F_{1x}, F_{1y}, F_{2x}, F_{2y} は，各写真への投影を表現する関数（共線条件）である。

図 1.9　ステレオ写真と対応点

いま，関数 F_{1x}，F_{1y}，F_{2x}，F_{2y} が X, Y, Z の関数として既知であるとする．このとき未知の点 $\mathbf{P}(X, Y, Z)$ について写真上の位置 $\mathbf{p}_1(x_1, y_1)$ および $\mathbf{p}_2(x_2, y_2)$ が分かるとすれば，未知数 3 について 4 つの方程式が得られることになる．写真測量による位置計測は，2 枚の写真で得られる方程式 (1.2) を何らかの手法で解くことに帰着される．古典的な写真測量では以上のように 2 つの写真から決定するが，3 つ以上の写真で観測した対応点から決定することも可能である．

1.2.4　標　定

1.2.2 項で示した写真測量のモデルは理想化されたもので，一般的には空中の特定の点から写真を撮影するということが困難である．また，風の影響で空中から厳密に真下に向けて写真を撮影するということも困難である．写真測量においては，指定した場所から真下に向けて撮影する代わりに，撮影した位置と姿勢を後から精密に求める．撮影した位置と姿勢 (**外部標定要素**) を求める作業が**標定**（**外部標定**）である（図 1.10）．

標定とは，地上において任意の点に設置したセオドライトの位置を，座標を保持する複数の点から後方交会によって求める三角測量と同義である．後方交会による三角測量によって，セオドライトを設置した位置が決まれば，これらの箇所から前方交会による三角測量によって未知の点の座標を決定することができるようになる．標定では，後方交会による三角測量による誤差が累積されることになる．このような累積誤差が生じるため写真測量における標定は，未知の点の精度を確保する重要なステップとなる．

標定を別の視点で考えてみよう．式 (1.2) の F_{1x}，F_{1y}，F_{2x}，F_{2y} を決定すること，

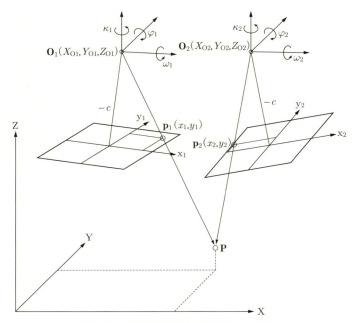

図 1.10 外部標定要素（撮影位置と姿勢）

もしくはその過程を**標定**という。

F_{1x}, F_{1y}, F_{2x}, F_{2y} はカメラのパラメータ（位置，姿勢，画面距離，レンズ歪み，ピクセルサイズ）が分かれば決定することができる。すなわちこれらのパラメータを決定することが標定である。撮影した位置および姿勢を**外部標定要素**といい，同じ写真内で共通なパラメータである。また画面距離・レンズ歪み・ピクセルサイズは**内部標定要素**という。内部標定要素も外部標定要素も，共線条件式を利用して解くことができる。**内部標定要素**を求める過程をとくに**内部標定（カメラキャリブレーション）**，外部標定要素を求める過程を**外部標定**という。外部標定を求める場合は座標が既知である点（写真測量においては**基準点**もしくは**標定点**という）を複数必要とする。

1.2.5 カメラモデルと共線条件と共面条件

（1） カメラモデル

写真は一般にレンズを通してフィルムもしくはデジタル画像センサに結像した画

像を取り扱うが，幾何学的なカメラモデルを考えるうえでは**ピンホールカメラモデル**を採用する。

ピンホールカメラとは，小さな穴（ピンホール）を通して**撮像面**に結像させるカメラである。このとき，ピンホールのことを**投影中心**，投影中心から撮像面までの距離を**画面距離**，投影中心を通って撮像面に鉛直に光が差し込む位置を**主点**という（図 1.11）。

カメラモデルを三次元的に表現したものが図 1.12 である。物理的な撮像面の位置は投影中心から見て撮影対象と反対側（**ネガティブ**）にあるが，簡単のため対象と同じ側に撮像面が来るように表記することが多い（**ポジティブ**）。本書において

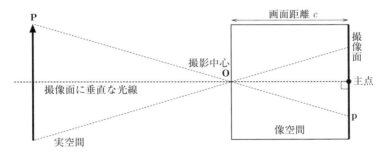

図 1.11　ピンホールカメラモデル

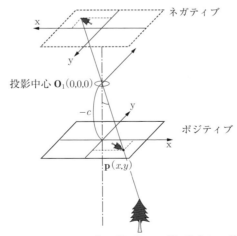

図 1.12　カメラモデル（ネガティブとポジティブ）

も，撮像面がポジティブ側に存在するように表示している。

なお，実際の写真測量においては，厚みがあるレンズを複数組み合わせたカメラが使用される。そのため構造的にはピンホールカメラとは異なるが，レンズ群は光が入った位置（入射瞳位置）と出て行く位置（射出瞳位置）が，レンズ群がないとした場合に同じ位置になるように設計されており，幾何学的性質はピンホールカメラと同じとみなしても差し支えない[2]。

(2) 共線条件

投影中心，写真上の像および対象物を結ぶ線が直線上に並ぶという条件を**共線条件**という。共線条件は，バンドル調整が扱うフィールドを拘束する基本的な幾何学的条件である。

いま，図1.13のように点 $\mathbf{P}(X, Y, Z)$ が写真上の位置 $\mathbf{p}(x, y)$ に写っているとする。画面距離を c とすれば，$\mathbf{p}$ のカメラ座標（カメラに相対的な座標）は $\mathbf{p}(x, y, -c)$ と表現できる。投影中心の絶対座標を $\mathbf{O}(X_O, Y_O, Z_O)$，絶対座標系におけるカメラの姿勢を表す回転行列を $\mathbf{R}$ とすると，$\mathbf{P}(X, Y, Z)$，$\mathbf{p}(x, y, -c)$，および $\mathbf{O}(X_O, Y_O, Z_O)$ の共線条件は次式で表される。

$$\mathbf{P} = k \cdot (\mathbf{R} \cdot \mathbf{p}) + \mathbf{O} \tag{1.3}$$

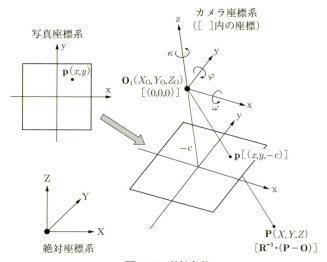

図1.13　共線条件

ここで，k は 0 でない実数である。$\mathbf{R}$ は X, Y, Z 各軸まわりの回転角を ω, φ, κ として，

$$
\begin{aligned}
\mathbf{R} &= \mathbf{R}_\omega \cdot \mathbf{R}_\varphi \cdot \mathbf{R}_\kappa \\
&= \begin{bmatrix} 1 & 0 & 0 \\ 0 & \cos\omega & -\sin\omega \\ 0 & \sin\omega & \cos\omega \end{bmatrix} \begin{bmatrix} \cos\varphi & 0 & \sin\varphi \\ 0 & 1 & 0 \\ -\sin\varphi & 0 & \cos\varphi \end{bmatrix} \begin{bmatrix} \cos\kappa & -\sin\kappa & 0 \\ \sin\kappa & \cos\kappa & 0 \\ 0 & 0 & 1 \end{bmatrix}
\end{aligned} \tag{1.4}
$$

と定義されるとする。式 (1.3) を $\mathbf{p}$ について整理すると，

$$
\mathbf{p} = \frac{1}{k} \mathbf{R}^{-1} \cdot (\mathbf{P} - \mathbf{O}) \tag{1.5}
$$

となる。ここで $\mathbf{R}^{-1}$ は $\mathbf{R}$ の逆行列で，$\mathbf{R}$ の転置行列 $\mathbf{R}^T$ に等しい。すなわち，

$$
\mathbf{R} = \begin{bmatrix} \alpha_{11} & \alpha_{12} & \alpha_{13} \\ \alpha_{21} & \alpha_{22} & \alpha_{23} \\ \alpha_{31} & \alpha_{32} & \alpha_{33} \end{bmatrix} \tag{1.6}
$$

とすれば，

$$
\mathbf{R}^{-1} = \mathbf{R}^T = \begin{bmatrix} \alpha_{11} & \alpha_{21} & \alpha_{31} \\ \alpha_{12} & \alpha_{22} & \alpha_{32} \\ \alpha_{13} & \alpha_{23} & \alpha_{33} \end{bmatrix} \tag{1.7}
$$

である。式 (1.5) から k を消去すると，次式 (1.8) が得られる。

$$
\begin{aligned}
x &= -c \frac{\alpha_{11}(X-X_O) + \alpha_{21}(Y-Y_O) + \alpha_{31}(Z-Z_O)}{\alpha_{13}(X-X_O) + \alpha_{23}(Y-Y_O) + \alpha_{33}(Z-Z_O)} \\
y &= -c \frac{\alpha_{12}(X-X_O) + \alpha_{22}(Y-Y_O) + \alpha_{32}(Z-Z_O)}{\alpha_{13}(X-X_O) + \alpha_{23}(Y-Y_O) + \alpha_{33}(Z-Z_O)}
\end{aligned} \tag{1.8}
$$

なお，レンズディストーションその他によって写真座標に系統誤差（dx, dy）が存在する場合は，式 (1.8) は次式のように表される。

$$
\begin{aligned}
x - dx &= -c \frac{\alpha_{11}(X-X_O) + \alpha_{21}(Y-Y_O) + \alpha_{31}(Z-Z_O)}{\alpha_{13}(X-X_O) + \alpha_{23}(Y-Y_O) + \alpha_{33}(Z-Z_O)} \\
y - dy &= -c \frac{\alpha_{12}(X-X_O) + \alpha_{22}(Y-Y_O) + \alpha_{32}(Z-Z_O)}{\alpha_{13}(X-X_O) + \alpha_{23}(Y-Y_O) + \alpha_{33}(Z-Z_O)}
\end{aligned} \tag{1.9}
$$

式 (1.9) において，右辺は外部標定要素で予想される点 $\mathbf{P}$ の投影位置，左辺は実際に写真上で観測した位置を示す。両辺は観測誤差や外部標定要素の誤差により一致しない。このときの残差は，**交会残差**あるいは**再投影誤差**と呼ばれる。

(3) 共面条件

標定を行ううえで必要なカメラ・地物・写真上の地物の位置関係を記述する条件が共線条件と共面条件である。共線条件は前述したとおりである。**共面条件**は，一対の写真のステレオペアについて成立する条件である。すなわち，2枚の写真上の対応する座標の三次元位置 $\mathbf{p}_1$，$\mathbf{p}_2$ と2つの写真の投影中心 $\mathbf{O}_1$，$\mathbf{O}_2$ の4点が同一平面上にあることを示すのが共面条件である（図1.14）。

なお，2つの写真から共通の1点を観測した場合，共線条件が成立すれば，投影中心と写真上の点を結ぶ2直線が共通の空間上の点を通るので，必然的に共面条件は成立する。また，逆に共面条件が成立していれば，投影中心と写真上の点を結ぶ2直線が交点を持ち，この交点と写真上の点・投影中心の間に2つの共線条件が成立する。

なお，共面条件は，$\mathbf{O}_1(X_{O1}, Y_{O1}, Z_{O1})$，$\mathbf{O}_2(X_{O2}, Y_{O2}, Z_{O2})$，$\mathbf{p}_1(X_1, Y_1, Z_1)$，$\mathbf{p}_2(X_2, Y_2, Z_2)$ として次式で表される。

$$\begin{vmatrix} X_{O1} & Y_{O1} & Z_{O1} & 1 \\ X_{O2} & Y_{O2} & Z_{O2} & 1 \\ X_1 & Y_1 & Z_1 & 1 \\ X_2 & Y_2 & Z_2 & 1 \end{vmatrix} = 0 \tag{1.10}$$

ここで，| | は行列式を表す。

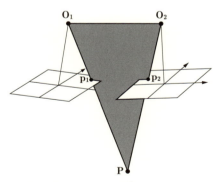

図1.14　ステレオモデルと共面条件

1.2.6 ステレオモデルと標定

 古典的な写真測量は，幾何学的な関係が求められた一対の写真（ステレオペア）を使用して行う三角測量と捉えることができる。このように幾何学的な関係が既知の一対の写真を**ステレオモデル**，**実体モデル**，あるいは単に**モデル**と呼ぶ。ステレオモデルを標定するためによく行われているのが相互標定と絶対標定である。

 相互標定は，ステレオモデルの2つのカメラ間の相対的な位置関係を求める過程である。すなわち，2枚の写真上のパスポイント（5組以上）の三次元位置とそれぞれの写真の投影中心，合わせて4点を共面条件に当てはめて写真を撮影したカメラ位置の相対関係を求める。

 絶対標定は，相互標定で得られた相対的な三次元空間を，座標が既知の点を利用し，求めたい三次元座標系へ変換するための係数を求めること，つまり各カメラ座標系と絶対座標系の関係，すなわち各写真の外部標定要素を得る過程である。絶対標定には，基準点や標定点といった座標が既知の点が3点以上必要である。

1.3 バンドル調整と写真測量

1.3.1 バンドル調整とは

 バンドル調整とは，複数の写真で観測された対応点に関して共線条件を適用し，複数のカメラの位置と姿勢，および対応点の三次元座標を求める手法である（図1.15）。投影中心と対応点の三次元位置を結ぶ直線（光線）が，投影中心において束（バンドル）になるためバンドル調整と呼ばれている。バンドル調整が出力できるのは，主に次の3つである。

 (1) 各写真の撮影した位置と姿勢（外部標定要素）
 (2) 対応点の三次元位置
 (3) カメラの内部標定要素

 (1)〜(3) は同時に調整可能であるが，主な出力は (1) と (2) である。とくに (3) を目的に行う場合を**カメラキャリブレーション**と呼ぶ。

 なお，バンドル調整で対応点の三次元座標が得られた後，さらに多数の対応点を自動的に計測したり（**DSM**（Digital Surface Model）**計測**，**自動標高抽出**），計測対象となる地物をオペレータが描画（**図化**）することが一般的である。

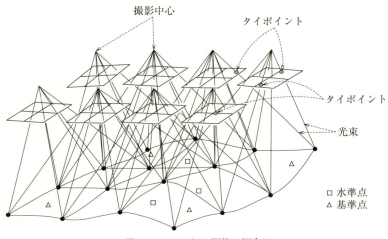

図 1.15　バンドル調整の概念図

1.3.2　空中写真測量におけるバンドル調整

　産業化された空中写真測量においては，標定，とくに外部標定の決定を効率良く行うことが重要である。従来型のステレオ写真の標定には，撮影された空中写真の重複領域の中に最低3点の座標が既知の基準点が必要であった。すべてのステレオ写真について標定を行うには，膨大な基準点が必要となる。そこで，撮影する範囲のすべての空中写真について少ない基準点で外部標定要素やパスポイント，タイポイントの座標を求める方法として開発されたのが**空中三角測量**（Aerial Triangulation）である。空中三角測量では少ない基準点からパスポイントやタイポイントといった点に三次元の座標を与えて標定点とし，これらの標定点を使用することにより基準点がなくともステレオモデルの標定をできるようにした。

　空中三角測量を実行するうえで広く利用されてきた調整方法（**ブロック調整**）に多項式法や独立モデル法，バンドル調整が存在するが，コンピュータの処理能力が向上するとともにバンドル調整の欠点とされた大誤差の発生を検出する機能の発達に伴い，空中写真測量ではバンドル調整が主に利用されるようになった。

　バンドル調整は，共線条件を非線形最小二乗法によって解く手法であり，カメラキャリブレーションにも使えるフレキシブルな手法であったが，大規模な線形方程式を解く必要があり，考案された当初は計算資源（コンピュータのメモリ）の問題から空中三角測量の主流というわけではなかった。デジタル画像を用いた**デジタル**

写真測量が空中写真測量の主流になるに従い，バンドル調整は写真測量において不動の位置を占めるようになった。

1.3.3 バンドル調整の基本手順

バンドル調整は大きく，撮影，パスポイント・タイポイントの取得，バンドル調整計算の三段階で行う。

(1) 撮 影

空中写真測量では，航空機で写真を重複しながら撮影することによってステレオ写真を取得する。航空機が直進して連続的に撮影する航跡を**撮影コース**あるいは単に**コース**，撮影コース内の写真の重複部分を**オーバラップ**という（図 1.16）。平行して撮影した撮影コース間の写真の重複のことを**サイドラップ**という。精度を確保し，かつ効率的に写真測量を行うためには，オーバラップは 60％，サイドラップは 30％の撮影が推奨される。

(2) タイポイントの取得

複数の写真が図化対象範囲を重複して撮影している場合，同一と視認できる地物を各写真上で座標計測した対応点を**タイポイント**と呼ぶ。つまり，ある位置のタイポイントは最低 2 枚の写真から計測されることになるが，その位置が別の写真にも明瞭に写っていれば，その写真からも計測されることになる。また絶対座標との関係を取るため，**基準点**（水平位置の座標が既知の点）や**水準点**（標高の座標が既知の点）が計測されていなければならないが，これらも含めてタイポイントと呼ばれ

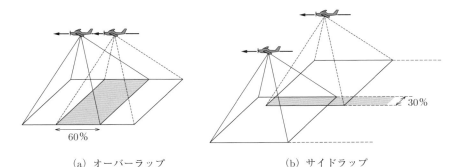

(a) オーバーラップ　　　　　(b) サイドラップ

図 1.16　オーバラップとサイドラップ

ることがある。

　空中写真測量においては，同一コースにおける隣接写真間の重複領域に取得するタイポイントを**パスポイント**と呼び，タイポイントは隣接コースの重複部分に取得する点のみをいい，パスポイントとタイポイントを区別している。バンドル調整では，原理的にタイポイントとパスポイントを区別することはなく，同一の性質の座標として処理される。

　パスポイント・タイポイントの取得は従来手動で計測されてきたが，写真がデジタル画像として利用できるようになるとともに直接定位による外部標定要素によって写真上での位置関係が概略得られるようになると，自動処理によって選点，計測が行われるようになった。

(3) バンドル調整計算

　観測したパスポイントやタイポイント座標に共線条件を適用し，交会残差の二乗和を最小にするように**非線形最小二乗法**で解くことにより，共線条件を構成するパラメータを求める。共線条件式は求める適切なパラメータに対して非線形であるので，適切なパラメータの初期値を与える必要がある。バンドル調整計算では，基準点座標や外部標定要素，タイポイント間の距離など様々な観測値を取り入れて同時調整することが可能である。

　非線形最小二乗法のフレームワークにより，求められたパラメータの精度推定を行うことができる。非線形最小二乗法では**ガウス・ニュートン法**（7.3.1 項参照）や **Levenberg-Marquardt 法**（7.3.2 項参照）が利用されることが多い。

　バンドル調整計算は非線形最小二乗法であるため，パラメータの初期値，とくに外部標定要素の初期値をある程度正しく与えることが必要である。近年の空中写真測量においては，撮影時に GPS と慣性測量装置（IMU）で写真撮影時の位置と姿勢を記録している（**直接定位**あるいは GNSS/IMU と呼ばれる）ことが多く，これを初期値として利用している。

　地上写真測量で大量に写真を撮影する場合は初期値の推定に工夫を凝らすことが必要になる。コンピュータビジョンにおいては，タイポイントの取得や初期値の推定を自動的かつ安定的に計算する手法が考案されており，バンドル調整計算の実行を手軽なものにしている。

1.4 バンドル調整の方法

1.4.1 同時調整

測量法の第三十四条で国土交通大臣が定めることができると規定されている公共測量のための標準的な測量方法が定められた**作業規程の準則**によると，同時調整とは「デジタルステレオ図化機によりパスポイント及びタイポイント並びに基準点等の写真座標を自動及び手動測定し，GNSS/IMU 装置により得られた外部標定要素との調整計算を行った上，各写真の外部標定要素及びパスポイント，タイポイント等の水平位置及び標高を定める作業をいう」と定義され，空中三角測量全体を意味しているが，一般には GNSS/IMU の観測データも同時にバンドル調整による調整計算を行うことをいう．なお，外部標定要素以外にも，様々な測量観測値（2点間の距離・角測定結果）などを共線条件と同時に調整する場合もある．このような様々な拘束条件や観測情報をフレキシブルに組み込むことができるのも，バンドル調整の大きな特長である．

なお，GNSS/IMU は，2000 年前後から Aplanix 社の POS（Position and Orientation System）シリーズに代表される製品によって利用が広まった．GNSS/IMU は写真の外部標定要素を直接得られるため，標定点を少なくできるなど空中写真測量の効率化を促進した．しかし，図化を行うために必要な標定精度を得るには，タイポイントを取得したうえでの空中三角測量が必要となる．バンドル調整は外部標定要素の観測値の精度を考慮して GNSS/IMU の観測データを合理的に導入し同時調整できる．GNSS/IMU の精度が向上すれば空中三角測量工程をなくすことができるはずであるが，現在のところ高品質な図化のためにはバンドル調整による精度向上が不可欠である．

1.4.2 カメラキャリブレーション（セルフキャリブレーション）

1つのカメラを繰り返し使う場合においては，カメラの内部標定要素がほとんど変化しないとみなすことができるので，あらかじめ内部標定要素を求めておき，この値を固定値として繰り返し使用するほうが効率的である．

内部標定を行うことをカメラキャリブレーションといい，カメラキャリブレーションをバンドル調整の際に行うことを**セルフキャリブレーションつきバンドル調整**という．

1.4.3 精密計測

バンドル調整の後，標定済みの写真でさらに計測を行うことが一般的であるが，少数のターゲットを精密に行う精密計測の分野では，それらの点をタイポイントとして最初からバンドル調整に組み込み，バンドル調整で得られた三次元座標を成果として使用する場合もある。この際，求めるターゲットを自動的に画像計測することもある。

1.4.4 Structure from Motion

Structue from Motion（SfM）は，コンピュータビジョンにおける概念で，移動するカメラから外部の三次元構造（Structure）を推定する手法である。SfM は連続的に撮影した画像（動画）内の同一点を追跡（**オプティカルフロー**）し，これらから三次元計測を行うもので，バンドル調整が最初から利用されているわけではなかったが，近年ではほとんどの SfM でバンドル調整が利用されている。最近は動画ではなく静止画においても同一点の同定が自動的に行われるようになった。

SfM は，異なるカメラで未知の位置から撮影した画像を特別なターゲットを設置することなく自動的にバンドル調整できることから，写真測量のすそ野を大きく広げることに貢献した。SfM の技術を用いた写真測量ソフトウェアは写真から三次元点群やテクスチャ画像つき三次元モデルを作成する簡易な方法として広く利用されており，無償・有償のソフトウェアも広く普及している。一方，従来の写真測量のような精度管理を行えないことが多いため，精度を要求される計測における使用については注意が必要である。

参考文献

1) 中村英夫，清水英範（2000）：測量学，技法堂．
2) 日本写真測量学会（1997）：解析写真測量　改訂版．

第2章

写真測量で使用される座標系

測量では，測定される座標と実際に知りたい座標系との関係性や変換方法が問題になる。写真測量では二次元空間である写真（画像）と実際に測量を行いたい三次元空間との関連性を常に意識する必要がある。本章では写真測量で利用する座標系の定義を明確にする[1]。

2.1 機械座標系

写真上で最初に計測される座標系が機械座標系である（図2.1）。

機械座標系という呼び名は，もともとフィルムに記録されたアナログ写真の座標を専用の機械（**ステレオコンパレータ**）にセットし，座標を計測していたことに由来する。現在では，フィルムで撮影した画像についてもスキャナで読み取って**デジタル画像**に変換して扱うため，デジタル画像上のカラム・ライン座標（**画像座標**）

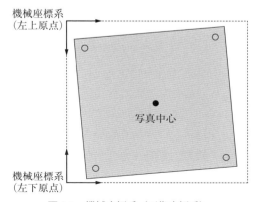

図 2.1　機械座標系（画像座標系）

が機械座標に当たる。

2.2 写真座標系

写真座標系は，写真の主点を原点とする座標系である。このとき，x軸は写真の右方向，y軸は写真の上方向とすることが普通である（図2.2）。また**レンズディストーション**（レンズの歪曲収差）の影響がある場合はそれを取り除いた後のものが写真座標である。アナログ写真の場合は，カメラの進行方向をx軸にする。

レンズディストーションや主点位置などの内部標定要素が未知の場合は，レンズディストーションなし，画像中心を主点とみなし，写真座標系とする。この際はセルフキャリブレーションつきバンドル調整で精密なレンズディストーションや主点位置を後から求めることになる。

なお，写真測量においては**ピクセルサイズ**の情報を用いて写真座標をmもしくはmm単位で表現されていた。最近の写真測量用ソフトウェアの場合，単位をピクセルのまま使用する場合も多い。

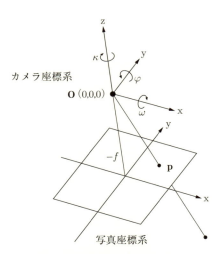

図2.2 写真座標系とカメラ座標系

2.3 カメラ座標系

投影中心位置を原点とし，x軸・y軸を写真座標のx軸・y軸平行にし，z軸を主点から投影中心に向かう方向とする三次元座標系をカメラ座標系という。画面距離をcとすると，写真座標系の座標(x, y)は，カメラ座標系では$(x, y, -c)$となる。

画面距離cが未知の場合は，撮影時に記録されている焦点距離cを近似値として写真座標系とすることもある。この際はバンドル法などで精密な画面距離を後から求めることになる。

なお，画面距離は写真座標で採用されている単位で設定する必要がある。写真座標がピクセル単位（画素サイズを1とする単位）の場合，画面距離もピクセル単位で設定する。コンピュータビジョンの分野では，画面距離を1に正規化した座標を用いることも多い。

2.4 絶対座標系

絶対座標系は，実空間の三次元座標系である。広域地図を作製する目的で行われる空中写真測量においては，**平面直角座標系**や**UTM座標系**などが用いられることが多く，これらはコンピュータビジョンの分野では**ワールド座標系**と呼ばれることが多い。地上や屋内での写真測量やコンピュータビジョンでは，対象となる地物の周囲で任意に設定された**局地座標系**を用いることもある。

平面直角座標系やUTM座標系は地理座標として扱いやすいが，地球楕円体面を平面と仮定するため，広域にわたって計測を行う場合は非線形性が問題になる場合がある。そのため，地心座標系をベースに処理を行う写真測量ソフトも存在する。

カメラ座標系は絶対座標系に対して傾いており，また原点も異なる（図2.3）。絶対座標系から見たカメラ座標系の原点（投影中心）位置と，座標系の傾き（姿勢）が**外部標定要素**である。姿勢はx, y, zの各軸まわりの回転角や回転行列，四元数などで表現することができるが，写真測量の分野においては伝統的に回転角で表現することが多い。この際，x軸まわりの回転をω，y軸まわりの回転をφ，z軸まわりの回転をκと表記する。

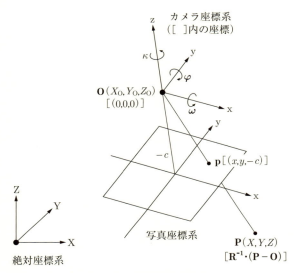

図 2.3 カメラ座標系と絶対座標系

参考文献

1) 日本写真測量学会 (1997)：解析写真測量　改訂版.

第3章

空中三角測量におけるバンドル調整

　本章ではコンピュータで空中三角測量におけるバンドル調整を実装するための原理や手法，手順を述べる[1]。

　第1章でも述べているとおり，現在わが国の空中写真測量で運用されている航空カメラには，ほぼすべてにGNSS/IMU装置が搭載されている。そこで本章では，GNSS/IMU装置によって外部標定要素が観測値として得られていることを前提としたバンドル調整計算を中心に解説する。

　まず，バンドル調整の最小二乗法の定式化について解説した後，正規方程式の解法や信頼性評価などの解説を行う。またGNSS/IMUデータも同時に調整するバンドル調整が一般的になるに伴い，ブロックの大容量化に伴う問題や，GNSSの系統誤差（シフト・ドリフト）といった新たな問題も浮上しており，これらの問題についての対処例も述べる。

3.1　準　備

　はじめに用語や記号についての約束事を記しておく。ここではキャリブレーション済みの航空カメラの使用を前提とする（セルフキャリブレーションについては第4章以降で詳しく解説する）。バンドル調整ではブロック内に異なるカメラで撮影した写真が混在していても問題ないが，ここではカメラは1つとして考える。

　図3.1は，バンドル調整の基本式である共線条件についての概念図である。なお本章では，実空間の点（基準点やパスポイント・タイポイントとして選点した点の地上位置）を地上点と呼び，写真上でのその像を観測点と呼ぶことにする。

第 3 章 空中三角測量におけるバンドル調整

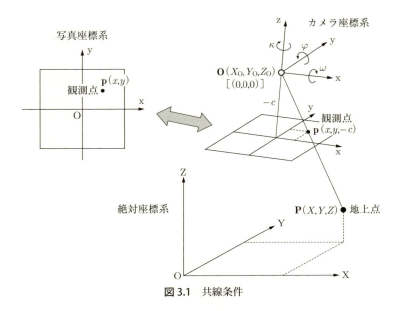

図 3.1 共線条件

まず，写真 i，地上点 j についての共線条件は，

$$x_{ij} = -c\frac{\alpha_{11i}(X_j - X_{Oi}) + \alpha_{21i}(Y_j - Y_{Oi}) + \alpha_{31i}(Z_j - Z_{Oi})}{\alpha_{13i}(X_j - X_{Oi}) + \alpha_{23i}(Y_j - Y_{Oi}) + \alpha_{33i}(Z_j - Z_{Oi})}$$
$$y_{ij} = -c\frac{\alpha_{12i}(X_j - X_{Oi}) + \alpha_{22i}(Y_j - Y_{Oi}) + \alpha_{32i}(Z_j - Z_{Oi})}{\alpha_{13i}(X_j - X_{Oi}) + \alpha_{23i}(Y_j - Y_{Oi}) + \alpha_{33i}(Z_j - Z_{Oi})} \quad (3.1)$$

となる。ここで，

$$F_{ij} = x_{ij} + c\frac{\alpha_{11i}(X_j - X_{Oi}) + \alpha_{21i}(Y_j - Y_{Oi}) + \alpha_{31i}(Z_j - Z_{Oi})}{\alpha_{13i}(X_j - X_{Oi}) + \alpha_{23i}(Y_j - Y_{Oi}) + \alpha_{33i}(Z_j - Z_{Oi})}$$
$$G_{ij} = y_{ij} + c\frac{\alpha_{12i}(X_j - X_{Oi}) + \alpha_{22i}(Y_j - Y_{Oi}) + \alpha_{32i}(Z_j - Z_{Oi})}{\alpha_{13i}(X_j - X_{Oi}) + \alpha_{23i}(Y_j - Y_{Oi}) + \alpha_{33i}(Z_j - Z_{Oi})} \quad (3.2)$$

とおくと，共線条件は，

$$F_{ij} = F\left(x_{ij}, [X_O \quad Y_O \quad Z_O \quad \omega \quad \varphi \quad \kappa]_i, [X \quad Y \quad Z]_j\right) = 0$$
$$G_{ij} = G\left(y_{ij}, [X_O \quad Y_O \quad Z_O \quad \omega \quad \varphi \quad \kappa]_i, [X \quad Y \quad Z]_j\right) = 0 \quad (3.3)$$

と書くことができる。なお，

$$x_{ij} = x'_{ij} - dx_{ij}$$
$$y_{ij} = y'_{ij} - dy_{ij} \quad (3.4)$$

である．ただし，

- $(x', y')_{ij}$ ：地上点 j が写真 i 上で実際に観測された位置
- $(dx, dy)_{ij}$ ：$(x', y')_{ij}$ でのレンズの歪みや主点位置ずれなどの補正量
- $(x, y)_{ij}$ ：$(x', y')_{ij}$ からレンズの歪みや主点位置ずれなどを補正した写真座標
- c ：カメラの画面距離
- $(X, Y, Z)_j$ ：地上点 j の絶対座標
- $(X_\mathrm{O}, Y_\mathrm{O}, Z_\mathrm{O})_i$ ：カメラ i のレンズ中心位置
- $(\alpha_{11}, \cdots, \alpha_{33})_i$ ：カメラ i の姿勢を表す回転行列要素

である．また，$(\alpha_{11}, \cdots, \alpha_{33})_i$ については，回転の定義によっていくつかの方法で表すことができるが，ここでは，

$$\begin{bmatrix} \alpha_{11} & \alpha_{12} & \alpha_{13} \\ \alpha_{21} & \alpha_{22} & \alpha_{23} \\ \alpha_{31} & \alpha_{32} & \alpha_{33} \end{bmatrix}_i = \\ \begin{bmatrix} 1 & 0 & 0 \\ 0 & \cos\omega_i & -\sin\omega_i \\ 0 & \sin\omega_i & \cos\omega_i \end{bmatrix} \begin{bmatrix} \cos\varphi_i & 0 & \sin\varphi_i \\ 0 & 1 & 0 \\ -\sin\varphi_i & 0 & \cos\varphi_i \end{bmatrix} \begin{bmatrix} \cos\kappa_i & -\sin\kappa_i & 0 \\ \sin\kappa_i & \cos\kappa_i & 0 \\ 0 & 0 & 1 \end{bmatrix} \tag{3.5}$$

と定義する．ただし，

- $(\omega, \varphi, \kappa)_i$ もしくは $(\omega_i, \varphi_i, \kappa_i)$：カメラ i の x 軸，y 軸，z 軸まわりの回転角

である．

写真座標の補正量 $(dx, dy)_{ij}$ には様々な算出法が提案されているが，いずれもカメラパラメータと写真上で観測された位置 $(x', y')_{ij}$ に依存する量である．つまり，カメラパラメータを固定値（キャリブレーション済み）と仮定している本章では，点の観測位置から一意にレンズ歪みや主点位置ずれを補正した写真座標を計算することができる．よって，本章でとくに断りなく「観測点」という場合，すでに補正を行った写真座標を持つ点であるとする．

以降，添え字の i は常に写真を表し，j は地上点を表すことにする．観測点 ij という場合は，写真 i 上で観測されている地上点 j の写真上の像点のこととする．

3.2 観測方程式と正規方程式

3.2.1 数学モデル

式 (3.3) のように，観測点 1 個につき x, y に関する 2 個の条件式（共線条件）が成立する．ゆえに写真枚数を m，地上点数を n とすると，$2mn$ 個の共線条件式が得られる．ただし，実際はすべての地上点がすべての写真に写っているわけではないので，式の数は観測点数×2 となる．

式 (3.3) を観測点 1 つ 1 つについて書くと，

$$\left.\begin{array}{l} F_{11} = F\bigl(x_{11}, [X_O \quad Y_O \quad Z_O \quad \omega \quad \varphi \quad \kappa]_1, [X \quad Y \quad Z]_1\bigr) = 0 \\ G_{11} = G\bigl(y_{11}, [X_O \quad Y_O \quad Z_O \quad \omega \quad \varphi \quad \kappa]_1, [X \quad Y \quad Z]_1\bigr) = 0 \end{array}\right\}$$

写真 1，地上点 1（観測点 11）に関する共線条件

$$\left.\begin{array}{l} F_{12} = F\bigl(x_{12}, [X_O \quad Y_O \quad Z_O \quad \omega \quad \varphi \quad \kappa]_1, [X \quad Y \quad Z]_2\bigr) = 0 \\ G_{12} = G\bigl(y_{12}, [X_O \quad Y_O \quad Z_O \quad \omega \quad \varphi \quad \kappa]_1, [X \quad Y \quad Z]_2\bigr) = 0 \end{array}\right\}$$

写真 1，地上点 2（観測点 12）に関する共線条件

:

$$\left.\begin{array}{l} F_{ij} = F\bigl(x_{ij}, [X_O \quad Y_O \quad Z_O \quad \omega \quad \varphi \quad \kappa]_i, [X \quad Y \quad Z]_j\bigr) = 0 \\ G_{ij} = G\bigl(y_{ij}, [X_O \quad Y_O \quad Z_O \quad \omega \quad \varphi \quad \kappa]_i, [X \quad Y \quad Z]_j\bigr) = 0 \end{array}\right\}$$

写真 i，地上点 j（観測点 ij）に関する共線条件

:

$$\left.\begin{array}{l} F_{mn} = F\bigl(x_{mn}, [X_O \quad Y_O \quad Z_O \quad \omega \quad \varphi \quad \kappa]_m, [X \quad Y \quad Z]_n\bigr) = 0 \\ G_{mn} = G\bigl(y_{mn}, [X_O \quad Y_O \quad Z_O \quad \omega \quad \varphi \quad \kappa]_m, [X \quad Y \quad Z]_n\bigr) = 0 \end{array}\right\}$$

写真 m，地上点 n（観測点 mn）に関する共線条件

となる．これに対し，写真 1 枚につき 6 個の未知量（外部標定要素），地上点 1 点につき 3 個の未知量（絶対座標）が生じる．

図 3.2 は，オーバーラップ 60%，サイドラップ 30% で撮影した場合の写真と点の配置例である．基準点はブロック四隅と中央付近に配置し，計 5 点とした．

この例では，写真数 15，地上点数 58 であり，未知量は $6 \times 15 + 58 \times 3 = 264$ である．それに対して観測点数は 160 であり，条件式数は $160 \times 2 = 320$ となる[†1]．

上の例は条件式数が未知量の数を上回っており，過剰な条件式となる．ところが

[†1] ここでは共線条件についてのみ議論しており，外部標定要素と基準点については未知量として扱っている．外部標定要素と基準点の観測については 3.2.2 項 (2) および (3) で詳しく述べる．

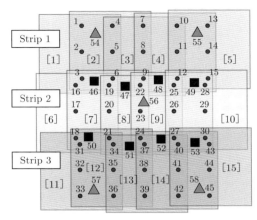

図 3.2　写真と点の配置例

観測には誤差を含むのが常であり，これら過剰な条件式に対して最適な解を導き出す必要がある。一般的なバンドル調整では，地上点の写真上への再投影誤差（交会残差）の二乗和を最小化するように，個々の写真の外部標定要素および地上点の絶対座標の最確値を決定するが，そのために非線形最小二乗法を使用する。

条件式数から未知量の数を引いた値はモデルの自由度と呼ばれる。図 3.2 の例では自由度は $320 - 264 = 56$ となる。

3.2.2　観測方程式

非線形最小二乗法は，まず数学モデルを線形化することにより観測方程式を立てることから始める。その前に，ここで観測値および未知量を整理する（表 3.1）。

求めるべきものは個々の写真の外部標定要素および個々の地上点の絶対座標である。それに対し，用いることのできる観測値は，地上点が写真上で観測された写真座標，および外部標定要素の観測値，一部の地上点の絶対座標（つまり基準点の座標）となっている。

表 3.1　観測値と未知量

	観測点座標	観測値
$(x, y)_{ij}$	観測点座標	観測値
$(X_O, Y_O, Z_O, \omega, \varphi, \kappa)_i$	外部標定要素	未知量（観測値あり）
$(X, Y, Z)_j$	地上点座標	未知量（一部観測値あり）

（1） 観測点に関する観測方程式

観測点 ij の共線条件式を未知量の近似値まわりでテーラー展開し，2次項以上を無視して線形化すると，次のようになる．

$$v_{x_{ij}} + F_{ij}^0 + \left(\frac{\partial F}{\partial X_O}\right)_{ij}^0 (\Delta X_O)_i + \left(\frac{\partial F}{\partial Y_O}\right)_{ij}^0 (\Delta Y_O)_i + \left(\frac{\partial F}{\partial Z_O}\right)_{ij}^0 (\Delta Z_O)_i$$

$$+ \left(\frac{\partial F}{\partial \omega}\right)_{ij}^0 (\Delta \omega)_i + \left(\frac{\partial F}{\partial \varphi}\right)_{ij}^0 (\Delta \varphi)_i + \left(\frac{\partial F}{\partial \kappa}\right)_{ij}^0 (\Delta \kappa)_i$$

$$+ \left(\frac{\partial F}{\partial X}\right)_{ij}^0 (\Delta X)_j + \left(\frac{\partial F}{\partial Y}\right)_{ij}^0 (\Delta Y)_j + \left(\frac{\partial F}{\partial Z}\right)_{ij}^0 (\Delta Z)_j = 0$$

$$v_{y_{ij}} + G_{ij}^0 + \left(\frac{\partial G}{\partial X_O}\right)_{ij}^0 (\Delta X_O)_i + \left(\frac{\partial G}{\partial Y_O}\right)_{ij}^0 (\Delta Y_O)_i + \left(\frac{\partial G}{\partial Z_O}\right)_{ij}^0 (\Delta Z_O)_i$$

$$+ \left(\frac{\partial G}{\partial \omega}\right)_{ij}^0 (\Delta \omega)_i + \left(\frac{\partial G}{\partial \varphi}\right)_{ij}^0 (\Delta \varphi)_i + \left(\frac{\partial G}{\partial \kappa}\right)_{ij}^0 (\Delta \kappa)_i$$

$$+ \left(\frac{\partial G}{\partial X}\right)_{ij}^0 (\Delta X)_j + \left(\frac{\partial G}{\partial Y}\right)_{ij}^0 (\Delta Y)_j + \left(\frac{\partial G}{\partial Z}\right)_{ij}^0 (\Delta Z)_j = 0 \tag{3.6}$$

ここで，$(v_x, v_y)_{ij}$ は観測点 ij の残差，右上の添え字 0 は未知量の近似値を代入して求める値であることを示しており，Δ を付したものは近似値に対する補正量を示す．式 (3.6) は観測点 ij の観測方程式となる（観測方程式 ij と呼ぶことにする）．

観測方程式を行列表現すれば，次のように書くことができる．

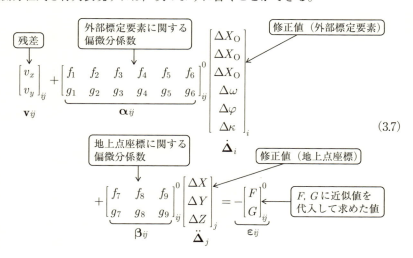

(3.7)

ここで，

$$f_1 = \frac{\partial F}{\partial X_O}, f_2 = \frac{\partial F}{\partial Y_O}, f_3 = \frac{\partial F}{\partial Z_O}, f_4 = \frac{\partial F}{\partial \omega}, f_5 = \frac{\partial F}{\partial \varphi},$$

$$f_6 = \frac{\partial F}{\partial \kappa}, f_7 = \frac{\partial F}{\partial X}, f_8 = \frac{\partial F}{\partial Y}, f_9 = \frac{\partial F}{\partial Z}$$

$$g_1 = \frac{\partial G}{\partial X_O}, g_2 = \frac{\partial G}{\partial Y_O}, g_3 = \frac{\partial G}{\partial Z_O}, g_4 = \frac{\partial G}{\partial \omega}, g_5 = \frac{\partial G}{\partial \varphi},$$

$$g_6 = \frac{\partial G}{\partial \kappa}, g_7 = \frac{\partial G}{\partial X}, g_8 = \frac{\partial G}{\partial Y}, g_9 = \frac{\partial G}{\partial Z}$$

式 (3.7) は，次式のように書くこともできる。

$$\mathbf{v}_{ij} + \boldsymbol{\alpha}_{ij} \cdot \dot{\boldsymbol{\Delta}}_i + \boldsymbol{\beta}_{ij} \cdot \ddot{\boldsymbol{\Delta}}_j = \boldsymbol{\varepsilon}_{ij} \tag{3.8}$$

または，行列形式で，

$$\mathbf{V} + \mathbf{A} \cdot \boldsymbol{\Delta}_A + \mathbf{B} \cdot \boldsymbol{\Delta}_B = \boldsymbol{\varepsilon} \tag{3.9}$$

と書くこともできる。

（2）外部標定要素に関する観測方程式

GNSS/IMU によって得られた写真 i の外部標定要素の観測値を $[X_O^{ob} \quad Y_O^{ob} \quad Z_O^{ob} \quad \omega^{ob} \quad \varphi^{ob} \quad \kappa^{ob}]_i^T$ とし，これらの観測値における未知の残差を $[V_{X_O} \quad V_{Y_O} \quad V_{Z_O} \quad V_\omega \quad V_\varphi \quad V_\kappa]_i^T$ すると，

$$\begin{bmatrix} X_O \\ Y_O \\ Z_O \\ \omega \\ \varphi \\ \kappa \end{bmatrix}_i = \begin{bmatrix} X_O^{ob} \\ Y_O^{ob} \\ Z_O^{ob} \\ \omega^{ob} \\ \varphi^{ob} \\ \kappa^{ob} \end{bmatrix}_i + \begin{bmatrix} V_{X_O} \\ V_{Y_O} \\ V_{Z_O} \\ V_\omega \\ V_\varphi \\ V_\kappa \end{bmatrix}_i \tag{3.10}$$

である。写真 i の外部標定要素の近似値を $[X_O^0 \quad Y_O^0 \quad Z_O^0 \quad \omega^0 \quad \varphi^0 \quad \kappa^0]_i^T$，修正量を $[\Delta X_O \quad \Delta Y_O \quad \Delta Z_O \quad \Delta \omega \quad \Delta \varphi \quad \Delta \kappa]_i^T$ とすると，

$$\begin{bmatrix} X_O \\ Y_O \\ Z_O \\ \omega \\ \varphi \\ \kappa \end{bmatrix}_i = \begin{bmatrix} X_O^0 \\ Y_O^0 \\ Z_O^0 \\ \omega^0 \\ \varphi^0 \\ \kappa^0 \end{bmatrix}_i + \begin{bmatrix} \Delta X_O \\ \Delta Y_O \\ \Delta Z_O \\ \Delta \omega \\ \Delta \varphi \\ \Delta \kappa \end{bmatrix}_i \tag{3.11}$$

であり，ゆえに，

$$\begin{bmatrix} V_{X_O} \\ V_{Y_O} \\ V_{Z_O} \\ V_\omega \\ V_\varphi \\ V_\kappa \end{bmatrix}_i - \begin{bmatrix} \Delta X_O \\ \Delta Y_O \\ \Delta Z_O \\ \Delta \omega \\ \Delta \phi \\ \Delta \kappa \end{bmatrix}_i = \begin{bmatrix} X_O^0 - X_O^{\text{ob}} \\ Y_O^0 - Y_O^{\text{ob}} \\ Z_O^0 - Z_O^{\text{ob}} \\ \omega^0 - \omega^{\text{ob}} \\ \varphi^0 - \varphi^{\text{ob}} \\ \kappa^0 - \kappa^{\text{ob}} \end{bmatrix}_i \tag{3.12}$$

または，次のようにも書ける．

$$\mathbf{V}_A - \mathbf{\Delta}_A = \boldsymbol{\varepsilon}_A \tag{3.13}$$

（3） 地上点 j に関する観測方程式

地上測量によって観測された地上点 j（つまり基準点）の三次元座標を $[X^{\text{ob}} \ Y^{\text{ob}} \ Z^{\text{ob}}]_j^T$ とし，これらの観測値における未知の残差を $[V_X \ V_Y \ V_Z]_j^T$ とすると，

$$\begin{bmatrix} X \\ Y \\ Z \end{bmatrix}_j = \begin{bmatrix} X^{\text{ob}} \\ Y^{\text{ob}} \\ Z^{\text{ob}} \end{bmatrix}_j + \begin{bmatrix} V_X \\ V_Y \\ V_Z \end{bmatrix}_j \tag{3.14}$$

である．さらに，点 j の座標の近似値を $[X^0 \ Y^0 \ Z^0]_j^T$，修正量を $[\Delta X \ \Delta Y \ \Delta Z]_j^T$ とすると，

$$\begin{bmatrix} X \\ Y \\ Z \end{bmatrix}_j = \begin{bmatrix} X^0 \\ Y^0 \\ Z^0 \end{bmatrix}_j + \begin{bmatrix} \Delta X \\ \Delta Y \\ \Delta Z \end{bmatrix}_j \tag{3.15}$$

ゆえに，

$$\begin{bmatrix} V_{\mathrm{X}} \\ V_{\mathrm{Y}} \\ V_{\mathrm{Z}} \end{bmatrix}_j - \begin{bmatrix} \Delta X \\ \Delta Y \\ \Delta Z \end{bmatrix}_j = \begin{bmatrix} X^0 - X^{\mathrm{ob}} \\ Y^0 - Y^{\mathrm{ob}} \\ Z^0 - Z^{\mathrm{ob}} \end{bmatrix}_j \tag{3.16}$$

または，次のようにも書ける．

$$\mathbf{V}_{\mathrm{B}} - \mathbf{\Delta}_{\mathrm{B}} = \boldsymbol{\varepsilon}_{\mathrm{B}} \tag{3.17}$$

基準点以外の地上点（パスポイント・タイポイント）には当然ながら観測値がない．これらは後の正規方程式の段階で重みがゼロの地上点として扱われるので，ここで考える必要はない．

(4) 全体の観測方程式

行列表記された3つの観測方程式 (3.9)，(3.13)，(3.17) を並べて書けば，次のようになる．

$$\mathbf{V} + \mathbf{A} \cdot \mathbf{\Delta}_{\mathrm{A}} + \mathbf{B} \cdot \mathbf{\Delta}_{\mathrm{B}} = \boldsymbol{\varepsilon} \quad : 観測点（共線条件）$$

$$\mathbf{V}_{\mathrm{A}} - \mathbf{\Delta}_{\mathrm{A}} = \boldsymbol{\varepsilon}_{\mathrm{A}} \quad\quad\quad\quad : 写真の外部標定要素$$

$$\mathbf{V}_{\mathrm{B}} - \mathbf{\Delta}_{\mathrm{B}} = \boldsymbol{\varepsilon}_{\mathrm{B}} \quad\quad\quad\quad : 地上点の絶対座標$$

または，

$$\begin{bmatrix} \mathbf{V} \\ \mathbf{V}_{\mathrm{A}} \\ \mathbf{V}_{\mathrm{B}} \end{bmatrix} + \begin{bmatrix} \mathbf{A} & \mathbf{B} \\ -\mathbf{I} & \mathbf{0} \\ \mathbf{0} & -\mathbf{I} \end{bmatrix} \begin{bmatrix} \mathbf{\Delta}_{\mathrm{A}} \\ \mathbf{\Delta}_{\mathrm{B}} \end{bmatrix} = \begin{bmatrix} \boldsymbol{\varepsilon} \\ \boldsymbol{\varepsilon}_{\mathrm{A}} \\ \boldsymbol{\varepsilon}_{\mathrm{B}} \end{bmatrix} \tag{3.18}$$

ただし，$\mathbf{I}$ は単位行列である．

式 (3.18) は，まとめて次式のようにも書ける．

$$\overline{\mathbf{V}} + \overline{\mathbf{B}} \cdot \overline{\mathbf{\Delta}} = \overline{\boldsymbol{\varepsilon}} \tag{3.19}$$

この観測方程式の構造は図 3.3 のようになる．

3.2.3　正規方程式

式 (3.19) の観測方程式 $\overline{\mathbf{V}} + \overline{\mathbf{B}} \cdot \overline{\mathbf{\Delta}} = \overline{\boldsymbol{\varepsilon}}$ の最小二乗解は，$\overline{\mathbf{W}}$ を重み行列とすると，$\overline{\mathbf{V}}^T \overline{\mathbf{W}} \overline{\mathbf{V}} \to \min$ となる $\overline{\mathbf{\Delta}}$ を求めることであり，そのためには次式の正規方程式を解けばよい．

$$\left(\overline{\mathbf{B}}^T \overline{\mathbf{W}} \overline{\mathbf{B}} \right) \cdot \overline{\mathbf{\Delta}} = \overline{\mathbf{B}}^T \overline{\mathbf{W}} \cdot \overline{\boldsymbol{\varepsilon}} \tag{3.20}$$

ここで，すべての観測値は独立である（相関がゼロ）と仮定すると，式 (3.20) の

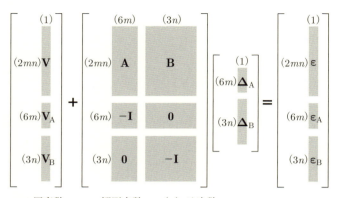

図 3.3 観測方程式の行列構造

重み行列 $\bar{\mathbf{W}}$ は,

$$\bar{\mathbf{W}} = \begin{bmatrix} \mathbf{W} & \mathbf{0} & \mathbf{0} \\ \mathbf{0} & \mathbf{W}_\mathrm{A} & \mathbf{0} \\ \mathbf{0} & \mathbf{0} & \mathbf{W}_\mathrm{B} \end{bmatrix} \tag{3.21}$$

である。ただし,

$\mathbf{W}$ ：観測点の重み行列

$\mathbf{W}_\mathrm{A}$ ：外部標定要素の重み行列

$\mathbf{W}_\mathrm{B}$ ：絶対座標の重み行列

重みについては,次項で詳しく述べる。

式 (3.20) を展開すれば,

$$\begin{bmatrix} \mathbf{A}^T\mathbf{W}\mathbf{A} + \mathbf{W}_\mathrm{A} & \mathbf{A}^T\mathbf{W}\mathbf{B} \\ \mathbf{B}^T\mathbf{W}\mathbf{A} & \mathbf{B}^T\mathbf{W}\mathbf{B} + \mathbf{W}_\mathrm{B} \end{bmatrix} \cdot \begin{bmatrix} \mathbf{\Delta}_\mathrm{A} \\ \mathbf{\Delta}_\mathrm{B} \end{bmatrix} = \begin{bmatrix} \mathbf{A}^T\mathbf{W}\boldsymbol{\varepsilon} - \mathbf{W}_\mathrm{A}\boldsymbol{\varepsilon}_\mathrm{A} \\ \mathbf{B}^T\mathbf{W}\boldsymbol{\varepsilon} - \mathbf{W}_\mathrm{B}\boldsymbol{\varepsilon}_\mathrm{B} \end{bmatrix} \tag{3.22}$$

となり,正規方程式の構造は,図 3.4 のようになる。

3.2.4 重み

(1) 観測点の写真座標の重み

バンドル調整に限らず,最小二乗法にとって重みをいかに設定するかが重要となる。観測値の重みは観測値の観測誤差の分散の逆数に比例するので,ある観測値 k に対する重みを w_k とすれば,

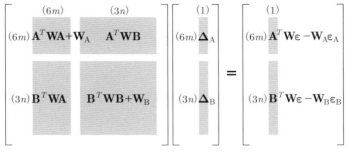

図 3.4　正規方程式の行列構造

$$w_k = \frac{\sigma_0^2}{\sigma_k^2} \tag{3.23}$$

である。ただし，

　　$\sigma_0{}^2$：単位重みの分散（基準分散）

　　$\sigma_k{}^2$：観測値 k の分散

写真上での観測点座標 (x_{ij}, y_{ij}) の分散共分散行列を $\mathbf{S}_{ij}$ とすれば，

$$\mathbf{S}_{ij} = \begin{bmatrix} \sigma_{x_{ij}}^2 & \sigma_{xy_{ij}} \\ \sigma_{xy_{ij}} & \sigma_{y_{ij}}^2 \end{bmatrix} \tag{3.24}$$

となり，これに対する重み行列 $\mathbf{W}_{ij}$ は，

$$\mathbf{W}_{ij} = \sigma_0^2 \cdot \mathbf{S}_{ij}^{-1} \tag{3.25}$$

となる。

観測点座標の x_{ij} と y_{ij} の間には相関はないものとし，単位重みの分散 $\sigma_0^2 = \sigma_{x_{ij}}^2 = \sigma_{y_{ij}}^2$ とすれば，

$$\mathbf{W}_{ij} = \begin{bmatrix} 1 & 0 \\ 0 & 1 \end{bmatrix} \tag{3.26}$$

となる。さらに，観測点間の相関はないものとし，すべての観測点が同じ精度で観測されているとすれば，観測点全体の重みは，

$$\mathbf{W} = \mathbf{I} \text{（単位行列）} \tag{3.27}$$

となる。

もちろん個々の観測点に異なった重みを設定することも可能である。たとえば，画像マッチングにより自動で取得した観測点と，手動で設定した観測点で異なった重みを与えるといったことが考えられる。

（2）外部標定要素の重み

観測点と同様に考えると，写真 i の外部標定要素の観測値 $[X_O{}^{ob}\ \ Y_O{}^{ob}\ \ Z_O{}^{ob}\ \ \omega^{ob}\ \ \varphi^{ob}\ \ \kappa^{ob}]_i^T$ の分散共分散行列を $\mathbf{S}_{A_i}$ とし，各々の観測値は独立であるとすれば，

$$\mathbf{S}_{A_i} = \begin{bmatrix} \sigma_{X_{Oi}}^2 & 0 & 0 & 0 & 0 & 0 \\ 0 & \sigma_{Y_{Oi}}^2 & 0 & 0 & 0 & 0 \\ 0 & 0 & \sigma_{Z_{Oi}}^2 & 0 & 0 & 0 \\ 0 & 0 & 0 & \sigma_{\omega i}^2 & 0 & 0 \\ 0 & 0 & 0 & 0 & \sigma_{\varphi i}^2 & 0 \\ 0 & 0 & 0 & 0 & 0 & \sigma_{\kappa i}^2 \end{bmatrix} \tag{3.28}$$

となる。ただし，

$(\sigma_{X_O}, \sigma_{Y_O}, \sigma_{Z_O})_i$：写真 i の位置 X 方向，Y 方向，Z 方向の観測誤差の標準偏差（GNSS の精度）

$(\sigma_\omega, \sigma_\varphi, \sigma_k)_i$：写真 i の姿勢 ω，φ，κ の観測誤差の標準偏差（IMU の精度）

である。ゆえに写真 i の外部標定要素の重み行列 $\mathbf{W}_{Ai}$ は，

$$\mathbf{W}_{Ai} = \sigma_0^2 \cdot \mathbf{S}_{Ai}^{-1} \tag{3.29}$$

となる。

観測方程式はメートルおよびラジアンで表現されているとすると，たとえば，画像のピクセルサイズが $12\mu\mathrm{m}$ である場合，観測点の画像上誤差を 1/4 ピクセルと仮定すれば，単位重みの分散は，

$$\sigma_0^2 = \left\{\frac{12}{4} \cdot 1.0 e^{-6}\right\}^2 = 9.0 e^{-12}$$

となる。例えば，写真 i の GNSS の観測誤差が（$\pm 0.1\,\mathrm{m}$，$\pm 0.1\,\mathrm{m}$，$\pm 0.1\,\mathrm{m}$），IMU の観測誤差が（± 0.005 度，± 0.005 度，± 0.008 度）の場合は，

$$
\mathbf{W}_{Ai} = \sigma_0^2 \cdot \mathbf{S}_{Ai}^{-1}
$$

$$
= 9.0e^{-12} \cdot \begin{bmatrix} 0.1^2 & 0 & 0 & 0 & 0 & 0 \\ 0 & 0.1^2 & 0 & 0 & 0 & 0 \\ 0 & 0 & 0.1^2 & 0 & 0 & 0 \\ 0 & 0 & 0 & \left(\dfrac{0.005}{180}\pi\right)^2 & 0 & 0 \\ 0 & 0 & 0 & 0 & \left(\dfrac{0.005}{180}\pi\right)^2 & 0 \\ 0 & 0 & 0 & 0 & 0 & \left(\dfrac{0.008}{180}\pi\right)^2 \end{bmatrix}^{-1}
$$

となる.なお,GNSS/IMUによる観測値が存在しない場合は,重みをゼロとすればよい.

(3) 地上点(基準点のみ)の絶対座標の重み

地上点も同様に考えると,地上点 j の観測値 $[X_O^{\rm ob} \ \ Y_O^{\rm ob} \ \ Z_O^{\rm ob}]_j$ の絶対座標の分散共分散行列を $\mathbf{S}_{Bj}$ とし,各々の観測値は独立であるとすれば,

$$
\mathbf{S}_{Bj} = \begin{bmatrix} \sigma_{Xj}^2 & 0 & 0 \\ 0 & \sigma_{Yj}^2 & 0 \\ 0 & 0 & \sigma_{Zj}^2 \end{bmatrix} \tag{3.30}
$$

となる.ただし,

$(\sigma_X, \sigma_Y, \sigma_Z)_j$:地上点 j の X 方向,Y 方向,Z 方向の観測誤差の標準偏差
(地上測量の精度)

である.ゆえに地上点 j の絶対座標の重み行列 $\mathbf{W}_{Bj}$ は,

$$
\mathbf{W}_{Bj} = \sigma_0^2 \cdot \mathbf{S}_{Bj}^{-1} \tag{3.31}
$$

となる.

外部標定要素と同様に考えれば,地上点 j の観測誤差が($\pm 0.1\,\mathrm{m}$, $\pm 0.1\,\mathrm{m}$, $\pm 0.1\,\mathrm{m}$)の場合は,

$$
\mathbf{W}_{Bj} = \sigma_0^2 \cdot \mathbf{S}_{Bj}^{-1} = 9.0e^{-12} \begin{bmatrix} 0.1^2 & 0 & 0 \\ 0 & 0.1^2 & 0 \\ 0 & 0 & 0.1^2 \end{bmatrix}^{-1}
$$

となる.なお,パスポイント・タイポイントといった絶対座標の観測値のない地上

点の重みはゼロである。

　もし基準点を誤差なしの既知点と考えたい場合は，重みを十分に大きくしておけば正規方程式を解いたときに修正値 Δ_B は限りなくゼロに近くなり，基準点の絶対座標が更新されることはない。

3.2.5　正規方程式の構造

本項では正規方程式について詳しく見てみる。

（1）　左辺の係数行列

正規方程式 (3.22) の左辺の係数行列は全体として $(6m+3n) \times (6m+3n)$ の対称行列であり，図 3.5 のような構造になる。

図 3.5 の左上ブロックは 6×6 の対称行列が対角に並ぶ構造となり，ほかはゼロである。写真 i の要素は，

$$\boldsymbol{\alpha}_i = \sum_{j=1}^n \boldsymbol{\alpha}_{ij}^T \mathbf{w}_{ij} \boldsymbol{\alpha}_{ij} + \mathbf{W}_{Ai} \tag{3.32}$$

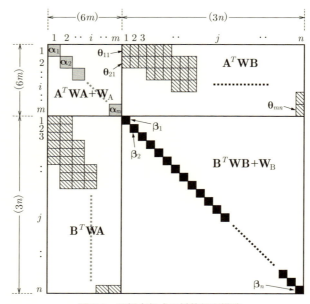

図 3.5　正規方程式の係数行列構造

となる。これはつまり，写真 i に写っている観測点 ij の $\alpha_{ij}{}^T\mathbf{w}_{ij}{}^T\alpha_{ij}$ を足し込んだものに，写真 i の外部標定要素の重みを加えたものである。

図 3.5 の右下ブロックは 3×3 の対称行列が対角に並ぶ構造となり，ほかはゼロである。地上点 j の要素は，

$$\boldsymbol{\beta}_j = \sum_{i=1}^{m} \boldsymbol{\beta}_{ij}^T \mathbf{w}_{ij} \boldsymbol{\beta}_{ij} + \mathbf{W}_{Bj} \tag{3.33}$$

となる。これは，点 j に関する観測点 ij の $\boldsymbol{\beta}_{ij}{}^T\mathbf{w}_{ij}{}^T\boldsymbol{\beta}_{ij}$ を足し込んだものに，地上点 j の絶対座標の重みを加えたものである。

図 3.5 の右上ブロックの各要素は，写真 i，地上点 j（観測点 ij）に対応する 6×3 の行列となる。この要素 ij を $\boldsymbol{\theta}_{ij}$ とすれば，

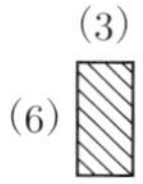

$$\boldsymbol{\theta}_{ij} = \boldsymbol{\alpha}_{ij}^T \mathbf{w}_{ij} \boldsymbol{\beta}_{ij} \tag{3.34}$$

となる。右上ブロックは写真 i 上で観測されている地上点 j に対応する要素行列のみ非ゼロ値となり，他の箇所はゼロとなる。写真の並びと地上点の並びにより，非ゼロ値がどこに出現するかはまったく違ってくる。

（2）右辺ベクトル

正規方程式 (3.22) の右辺ベクトルは $(6m+3n)$ 次元であり，図 3.6 のような構造になる。

図 3.6 の上部は 6 次元のベクトルが並ぶ構造になっている。写真 i に対応する要素は，

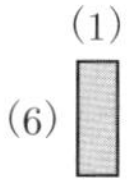

$$\mathbf{a}_i = \sum_{j=1}^{n} \boldsymbol{\alpha}_{ij}^T \mathbf{w}_{ij} \boldsymbol{\varepsilon}_{ij} + \mathbf{W}_{Ai}\boldsymbol{\varepsilon}_{Ai} \tag{3.35}$$

となる。$\boldsymbol{\varepsilon}_{ij}$ は観測点 ij の残差であり，$\boldsymbol{\varepsilon}_{Ai}$ は写真 i の外部標定要素の残差（近似値 − 観測値）である。GNSS/IMU の観測データが得られていない場合は重みもゼロであるので，式 (3.35) の第 2 項は考える必要がない。

図 3.6 の下部は三次元のベクトルが並ぶ構造になっている。地上点 j に対応する要素は，

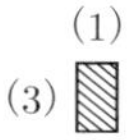

$$\mathbf{b}_j = \sum_{i=1}^{m} \boldsymbol{\beta}_{ij}^T \mathbf{w}_{ij} \boldsymbol{\varepsilon}_{ij} - \mathbf{W}_{Bj}\boldsymbol{\varepsilon}_{Bj} \tag{3.36}$$

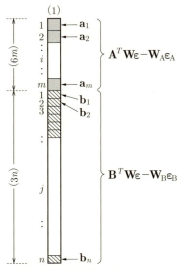

図 3.6 正規方程式の右辺ベクトル構造

となる。ε_{Bj} は地上点 j の絶対座標の残差（近似値 − 観測値）である。パスポイント・タイポイントなど，基準点以外の場合は観測値を持たないが重みもゼロであるので，式 (3.36) の第 2 項は考える必要がない。

3.2.6 縮 約

正規方程式 (3.22) を次式のようにおく。

$$\begin{bmatrix} \mathbf{A}_{11} & \mathbf{A}_{12} \\ \mathbf{A}_{21} & \mathbf{A}_{22} \end{bmatrix} \cdot \begin{bmatrix} \mathbf{\Delta}_A \\ \mathbf{\Delta}_B \end{bmatrix} = \begin{bmatrix} \mathbf{e}_A \\ \mathbf{e}_B \end{bmatrix} \tag{3.37}$$

これを直接解くこともできるが，写真枚数および地上点数が多ければ問題の規模が巨大になり，コンピュータでの計算が困難になる。そこで，$6m \ll 3n$ であることに注目して，$\mathbf{\Delta}_B$ の消去を試みる。

式 (3.37) は次の 2 つの方程式から構成される。

$$\mathbf{A}_{11}\mathbf{\Delta}_A + \mathbf{A}_{12}\mathbf{\Delta}_B = \mathbf{e}_A \tag{3.38}$$

$$\mathbf{A}_{21}\mathbf{\Delta}_A + \mathbf{A}_{22}\mathbf{\Delta}_B = \mathbf{e}_B \tag{3.39}$$

式 (3.39) から，

$$\mathbf{\Delta}_B = \mathbf{A}_{22}^{-1}\bigl(\mathbf{e}_B - \mathbf{A}_{21}\mathbf{\Delta}_A\bigr) \tag{3.40}$$

3.2 観測方程式と正規方程式　*41*

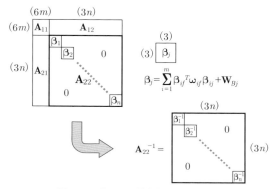

図 3.7　ブロック対角行列の逆行列

を得るので，式 (3.38) に代入すれば，

$$\left(\mathbf{A}_{11} - \mathbf{A}_{12}\mathbf{A}_{22}^{-1}\mathbf{A}_{21}\right) \cdot \mathbf{\Delta}_\mathrm{A} = \mathbf{e}_\mathrm{A} - \mathbf{A}_{12}\mathbf{A}_{22}^{-1}\mathbf{e}_\mathrm{B} \tag{3.41}$$

という $\mathbf{\Delta}_\mathrm{B}$ を消去した方程式が得られる．これを縮約正規方程式と呼ぶ．また，式 (3.41) の左辺の係数行列 $\mathbf{A}_{11} - \mathbf{A}_{12}\mathbf{A}_{22}^{-1}\mathbf{A}_{21}$ はシューア補行列（Schur's complement）と呼ばれる[2]．

縮約正規方程式 (3.41) を解いて $\mathbf{\Delta}_\mathrm{A}$ を算出し，その結果を式 (3.40) に代入して $\mathbf{\Delta}_\mathrm{B}$ を解けば，式 (3.37) の正規方程式を直接解くのと同じ解が得られる．

式 (3.41) および式 (3.40) では，$\mathbf{A}_{22}^{-1}$ という $3n \times 3n$ の逆行列を解かねばならないように見える．しかし，前項で見たとおり $\mathbf{A}_{22}$ は 3×3 のブロック対角行列であることに注目すれば，問題は容易になる（図 3.7）．

ブロック対角行列の逆行列は，個々のブロックの逆行列を対角に並べたものになる．つまり，$3n \times 3n$ の逆行列を解く問題は，3×3 の逆行列を n 回解く問題に帰結する．以上により，正規方程式の問題の規模を $6m + 3n$ から $6m$ に縮小させることができる．

縮約後の係数行列 $\mathbf{A}_{11} - \mathbf{A}_{12}\mathbf{A}_{22}^{-1}\mathbf{A}_{21}$ はどのような構造になっているのだろうか．ここでは，撮影のオーバーラップ（以下 OL），サイドラップ（以下 SL），およびコース方向の異なった4つのブロックを例にとって考えてみる．

なお，OL 60 % ではパスポイントは隣接する3枚の写真で共有し，OL 80 % では隣接5枚で共有するとする．タイポイントは SL 30 % においては隣接写真および隣接コース4枚で共有し，SL 60 % では隣接写真，隣接コースおよびその隣のコース

計 15 枚で共有するとする．また撮影コースは C1, C2, …, C5 の 5 コースで，1 コースあたりの写真数は 10 枚，全体で計 50 枚とし，写真番号は連続的に増えていくものとする．

　条件 (a)　OL 60%・SL 30%，同一方向コース（図 3.8）
　条件 (b)　OL 60%・SL 30%，交互方向コース（図 3.9）

係数行列は 300×300 の対称行列となる．対角に並ぶ■は注目写真自身の要素行列 (6×6) である．■の両脇に位置する□は注目写真とパスポイントおよびタイポイント（または基準点）でつながる写真であり，対角から離れた場所にある⊠はタイポイント（または基準点）でつながる写真である．それ以外の箇所はすべてゼロであり，観測点によって結合している写真同士の要素行列のみ非ゼロの値が入ること

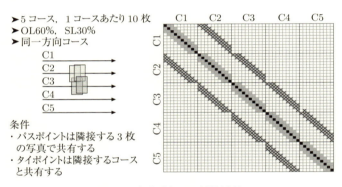

図 3.8　条件 (a) での係数行列

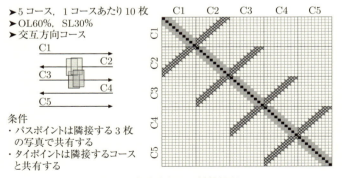

図 3.9　条件 (b) での係数行列

になる．
　条件（c）　OL 80%・SL 60%，同一方向コース（図 3.10）
　条件（d）　OL 80%・SL 60%，交互方向コース（図 3.11）
　撮影のオーバーラップ，サイドラップを大きくすると 1 つの写真に対して結合する写真枚数が増えるので，結果として非ゼロ値が入る要素行列が多くなる．
　このように，写真番号がバラバラでない限りは非ゼロ要素が対角付近に集まる独特な形状の行列となる．一般的には写真枚数が多くなるに従って全体に対する非ゼロ要素数の割合が小さくなり，疎行列の形状をとる．

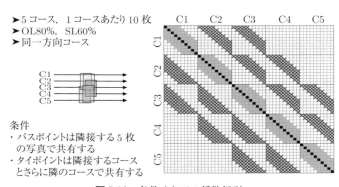

図 3.10　条件（c）での係数行列

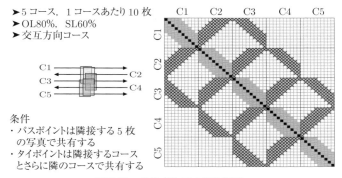

図 3.11　条件（d）での係数行列

3.3 非線形最小二乗法の解法

3.3.1 連立一次方程式の解法（ソルバー）

バンドル調整でブロックの同時調整を行うために用いる非線形最小二乗法では，連立一次方程式の形である正規方程式を収束するまで繰返し計算する必要がある。連立一次方程式をコンピュータで解く方法（ソルバー）は数多く考案されている。手法は大きく直接法と間接法に分けることができる。

直接法とは，有限回の式変形により連立一次方程式を解く手法である。逆行列が存在する場合は，いかなる問題であっても原理的には厳密解が得られる。Gauss の消去法や Cholesky 分解などが代表的である。

反復法とは，繰返し計算により反復的に解を更新することで連立一次方程式の近似解を求める手法の総称である。定常反復法として Gauss-Seidel 法，逐次的過剰緩和法（SOR 法），非定常反復法として共役勾配法（CG 法），BiCG 法，一般化最小残差法（GMRES 法）などがある[3]。

これら手法の詳細については数値計算の専門書や論文などを参照してほしい。ただし，自らソルバーのプログラムを書くのは得策ではない。チューニングされた数値計算ライブラリより，高速かつ精度良いプログラムを作成するのは至難の業である。数多くの無償あるいは有償の数値計算ライブラリがあるので，そちらを使うことをお勧めする。

3.3.2 疎行列

(1) 疎行列とは

3.2.6 項では，正規方程式から地上点の絶対座標修正量に関する項を消去し，問題の規模の縮小化を図る「縮約」という作業を行った。しかしながら，それでも縮約正規方程式の係数行列は巨大な構造となる。仮にブロックの写真枚数が 10 000 枚であれば，係数行列は $60\,000 \times 60\,000$ となり，倍精度（Double）で計算を行う場合，係数行列のメモリ確保だけでも $8\,[\text{byte}] \times (60\,000 \times 60\,000/2 + 60\,000) \fallingdotseq 13.4\,[\text{GB}]$ となる。なお，係数行列は対称行列であるので，上三角行列のみ必要であるということから 2 で割っている。この上三角行列の全要素をコンピュータのメモリに格納することは困難であり，連立一次方程式を解くためにはさらにメモリを必要とするので，大規模な問題を工夫なしに直接

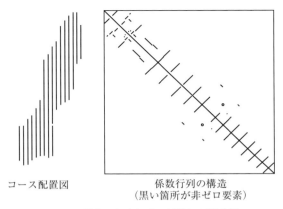

コース配置図　　　　　係数行列の構造
　　　　　　　　　（黒い箇所が非ゼロ要素）

図 3.12　縮約正規方程式の係数行列構造例

解くことは現実的でない。

ここで，図 3.12 は実際に撮影したブロックのコース配置図と，このブロックの縮約正規方程式の係数行列の構造を表している。通常の空中写真測量では 1 個の地上点は OL 80％，SL 60％撮影でもたかだか 10〜20 枚程度の写真でしか観測されない。係数行列は，パスポイント，タイポイント，基準点でつながっている写真に対応した位置のみ非ゼロとなり，つながっていない写真同士の要素はゼロとなる。そのため，係数行列はほとんどの場所がゼロになる「疎行列（**Sparse Matrix**）」の形状をとる。そこで，非ゼロ値のみを格納する疎行列形式でメモリを確保し，その形態で連立一次方程式を解くことができるライブラリを使用するのがよい。

(2) 疎行列の格納方法

コンピュータでの疎行列の格納方法にはいくつかの種類が存在する。当然ながら使用する数値計算ライブラリのソルバーで指定されている形式に合わせる必要があるが，ここでは，CSR（Compressed Sparse Row）方式と呼ばれる格納方式での対称行列の格納方法を紹介する。

CSR 方式では，行（列）サイズを N，非ゼロ要素数を X とすると，行列を格納するのに必要な領域は表 3.2 のようになる。

ここに，5×5 の対称行列の CSR 方式での格納例を示す。図 3.13 のような行列であるとすれば，各配列には表 3.3 のように値を格納する。

表 3.2　CSR 方式での疎行列格納に必要な領域

型	名称	配列数	説明
Double	Values	X	非ゼロ要素の値
Int	Columns	X	非ゼロ要素の列 ID
Int	RowIndex	$N+1$	各行で初めに現れる非ゼロ要素のインデックス

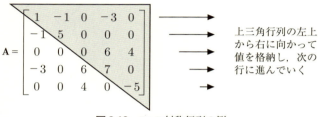

図 3.13　5 × 5 対称行列の例

表 3.3　図 3.13 の行列の格納（CSR 方式）

Index	0	1	2	3	4	5	6	7	8
Values	1	−1	−3	5	0 *	6	4	7	−5
Columns	0	1	3	1	2	3	4	3	4
RowIndex	0	3	4	7	8	9 **			

* Values[4] は 0 となっているが，対角要素は 0 でも値が必要
** RowIndex[N] には非ゼロ要素の数（ここでは 9）が入る

　縮約正規方程式の係数行列の上三角行列全体の要素数に対する非ゼロ要素数の割合を占有率と呼ぶことにすると，ブロックのコース数や 1 コースあたりの写真数，撮影条件を変えた場合の占有率は表 3.4 のようになる。問題の規模が大きくなるにつれて非ゼロ要素の割合が小さくなっていき，効率的なメモリの使用が可能となることが分かる。

　配列中のどのインデックスに値を格納すればよいのかを調べるのは，少々複雑な作業である。しかしながら，バンドル調整計算の係数行列の非ゼロ要素がどこに現れるかは，写真と登録されている観測点の関係で決定されるので，何度反復計算を行っても変わることはない。行列の構造を繰返し処理の前に分析しておき，縮約正規方程式を作る際に常に正しい位置に値を格納できるような仕組みで実装するとよい。

3.3 非線形最小二乗法の解法   47

表 3.4 疎行列の占有率

コース数	1コースの写真数	全写真数	行列の次元	占有率〔%〕 条件1*	占有率〔%〕 条件2**
10	50	500	3 000	2.074	5.824
20	100	2 000	12 000	0.433	1.267
50	100	5 000	30 000	0.219	0.646
80	125	10 000	60 000	0.110	0.327
100	150	15 000	90 000	0.074	0.219
100	200	20 000	120 000	0.055	0.165

* 条件 1：OL 60% - SL 30%　　** 条件 2：OL 80% - SL 60%
※条件 1, 2 でのパスポイント・タイポイントの配置は 3.2.6 項の仮定と同様とする．

(3) 疎行列ソルバーの性能

疎行列の取り扱いが可能な数値計算ライブラリはいくつか存在するが，ここでは Intel 社製の MKL（Math Kernel Libraly）を使った実験結果を表 3.5, 3.6 に示す．なおこの実験は，MKL のパッケージに含まれている「pardiso」(Parallel Direct Solver の略）という疎行列の直接法による連立一次方程式のソルバーを使用した．

■実験 PC のスペック

OS：Windows Vista 64 bit
CPU：Intel Core2 Quad Q9650 @ 3.00 GHz
メモリ：8 GB

表 3.5　OL 60%，SL 30% での連立方程式を解くのに要した時間

コース数	1コースの写真数	全写真数	32 bit コンパイル 時間〔s〕	32 bit コンパイル メモリ〔GB〕	64 bit コンパイル 時間〔s〕	64 bit コンパイル メモリ〔GB〕
80	125	10 000	3.6	0.2	1.5	0.2
100	150	15 000	6.3	0.4	2.4	0.4
100	200	20 000	9.3	0.5	3.5	0.6

表 3.6　OL 80%，SL 60% での連立方程式を解くのに要した時間

コース数	1コースの写真数	全写真数	32 bit コンパイル 時間〔s〕	32 bit コンパイル メモリ〔GB〕	64 bit コンパイル 時間〔s〕	64 bit コンパイル メモリ〔GB〕
80	125	10 000	18.1	0.6	7.6	0.7
100	150	15 000	33.0	1.0	11.5	1.1
100	200	20 000	62.0	1.4	18.4	1.6

経験的にはたかだか 4, 5 回も反復計算を行えば収束するので，写真枚数 20 000 枚で OL 80％，SL 60％という厳しい条件であっても十分実用的な時間で解けることが分かる．また，計算時間と使用メモリは，全写真数（あるいは行列の次元数）の二乗に比例するまでは増加しないことが分かる．

3.4　実　装

3.4.1　処理フロー

ここでは調整計算のフローについて解説する．一般的な調整計算のフローは図 3.14 のとおりである．

バンドル調整計算の処理フローは大きく 3 つのフェイズに分けることができる．

3.4.2　初期化フェイズ

初期化フェイズでは，観測値や重みの入力，縮約正規方程式の係数行列構造の分析，行列・ベクトルのメモリ確保，未知パラメータの近似値の計算を行う．

3.2.2 項 (2) で述べたとおり，疎行列形式で係数行列を格納するために，まず縮約正規方程式の係数行列の行・列数と非ゼロ要素がどこに配置されるかを分析する必要がある．非ゼロ要素はパスポイント・タイポイント・基準点でつながっている写真 ID に対応する 6×6 のブロックに配置される．その写真間の関連情報をコンピュータのメモリ上に記憶しておく方法は様々あろうが，たとえばある写真 i とつながっている写真の ID をリストで保持しておく，といったことが考えられる．

疎行列の構造が決定すれば，当然非ゼロ要素数も決定しているので，3.2.2 項 (2) のように疎行列形式で値を格納するためのメモリを確保しておく．

最後に，地上点の絶対座標や GNSS による観測値などを付加パラメータとする未知パラメータの近似値を計算し，初期値として格納しておく．地上点の絶対座標は，外部標定要素の初期値（観測値）と複数の観測点座標を用い，交会する絶対座標を最小二乗法で計算する．基準点の場合は,観測されている座標が近似値となる．なお，GNSS による観測値における絶対座標系とのずれを未知量（シフトパラメータと呼ばれる）として加える場合，初期値はゼロが与えられることが多い（3.6 節参照）．

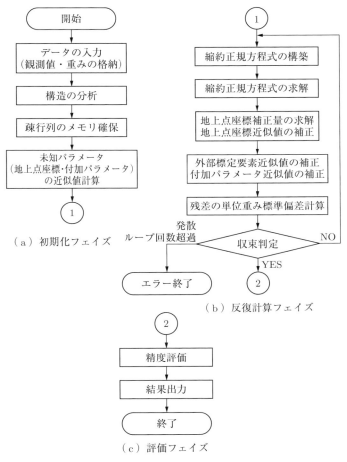

図 3.14 バンドル調整計算のフロー

3.4.3 反復計算フェイズ

　反復計算フェイズは，実際に縮約正規方程式を立ててそれを解き，求められた補正量で近似値を修正するということを収束するまで行う，バンドル調整計算のメインフェイズである。3.2.6 項で見たとおり，縮約正規方程式の求解によってまず写真の外部標定要素の補正量が求まるので（付加パラメータがある場合は付加パラメータの補正量も同時に求まる），次にその補正量を用いて地上点の絶対座標の補正

量を求める，といった手順で行う。

収束判定は，残差の単位重みの標準偏差（sigma naught）を用いて行う。残差の単位重みの分散の推定量 $\hat{\sigma}_0^2$ は，式 (319) および式 (3.20) の $\overline{\mathbf{V}}$，$\overline{\mathbf{W}}$ を用いて，

$$\hat{\sigma}_0^2 = \frac{\overline{\mathbf{V}}^T \overline{\mathbf{W}} \overline{\mathbf{V}}}{r} \tag{3.42}$$

となる。ここで，

r：自由度

である。式 (3.19) より，残差 $\overline{\mathbf{V}}$ は，

$$\overline{\mathbf{V}} = \overline{\boldsymbol{\varepsilon}} - \overline{\mathbf{B}} \cdot \overline{\boldsymbol{\Delta}} \tag{3.43}$$

であるから，残差の単位重みの標準偏差 $\hat{\sigma}_0$ は，

$$\hat{\sigma}_0 = \sqrt{\frac{\left(\overline{\boldsymbol{\varepsilon}} - \overline{\mathbf{B}} \cdot \overline{\boldsymbol{\Delta}}\right)^T \cdot \overline{\mathbf{W}} \cdot \left(\overline{\boldsymbol{\varepsilon}} - \overline{\mathbf{B}} \cdot \overline{\boldsymbol{\Delta}}\right)}{r}} \tag{3.44}$$

となる。各観測が独立と仮定し，重み行列が対角要素しか値を持たない場合，式 (3.44) の右辺平方根の中の分子は，観測量を持つ値（地上点の写真座標，写真の外部標定要素，基準点の絶対座標）の残差の二乗和にそれぞれの重みを掛けた値となる。

収束判定は，θ を閾値とすれば，次式を用いて行う。

$$\hat{\sigma}_0^{(k-1)} - \hat{\sigma}_0^{(k)} < \theta \tag{3.45}$$

ここで，

$\hat{\sigma}_0^{(k-1)}$：$k-1$ 回目の繰返し計算時の残差標準偏差

$\hat{\sigma}_0^{(k)}$：k 回目の繰返し計算時の残差標準偏差

である。経験的には，数回の繰返し計算で収束する。なお，$\hat{\sigma}_0^{(k-1)} - \hat{\sigma}_0^{(k)} < 0$ であれば発散とみなし，エラー終了とする。

3.4.4 評価フェイズ

評価フェイズでは，反復計算フェイズで正常に収束して終了した場合の成果（あるいは発散，制限ループ回数のオーバーで収束せずに終了した場合の結果）の評価を行う。

3.5 調整結果の評価

3.5.1 作業規程の準則の基準
(1) 交会残差
調整計算された写真の外部標定要素と地上点の絶対座標の最確値を用いて地上点を各写真へ再投影した写真座標と，元の観測された写真座標の較差を交会残差という。作業規程の準則の第 171 条第 11 項によると，交会残差は表 3.7 のような値に収まっている必要がある。

(2) 基準点残差
調整計算された写真の外部標定要素を用いて写真座標から算出した基準点座標と，地上測量により観測された基準点座標との差を，基準点残差という。作業規程の準則の第 171 条第 10 項によると，同一ブロック内における基準点残差の許容値は表 3.8 のとおりとなっている。

(3) 検証点残差
検証点は調整計算時には用いられないが，既知の絶対座標を持っている地上点である。調整計算された写真の外部標定要素を用いて検証点の写真位置から算出した絶対座標と，検証点の既知の絶対座標との差を，検証点残差という。

作業規程の準則の第 171 条第 6 項によると，GNSS/IMU を用いた同時調整を実施する場合，基準点のうちどれか 1 点を用いて調整計算を行い，その他の点を検証点として精度点検を行うこととしている。準則の第 168 条には，「同時調整の際はブロック四隅と中央部付近に計 5 点の基準点を設けることを標準とする」，と明記

表 3.7 交会残差の許容値

カメラ種別	標準偏差	最大値
フィルム航空カメラ	15 μm	30 μm
デジタル航空カメラ	0.75 pixel	1.5 pixel

表 3.8 基準点残差の水平位置・標高の許容値

カメラ種別	標準偏差	最大値
フィルム航空カメラ	対地高度の 0.02% 以内	対地高度の 0.04% 以内
デジタル航空カメラ	−	標準の地上画素寸法を基線高度比で割った値

表 3.9 検証点残差の許容標準偏差

地図情報レベル	水平位置・標高の標準偏差
500	0.54 m 以内
1 000	0.66 m 以内
2 500	0.90 m 以内
5 000	1.50 m 以内
10 000	2.10 m 以内

されており，そのうち 1 点を基準点とすると残り 4 点が検証点扱いになる．検証点の許容標準偏差は表 3.9 のとおりとなっている．

3.5.2 精度評価

(1) 最小二乗法による計算の評価

式 (3.44) で算出される最終成果の残差の単位重みの標準偏差 $\hat{\sigma}_0$ は，調整計算時に設定した単位重みの標準偏差 σ_0 と等しくなる性質のものである．もしこれらの値が大きく異なっている場合，最初に設定した σ_0 が適切でないか，モデル化されていないパラメータのうち大きく影響を及ぼしているもの（たとえばカメラパラメータ）があること，あるいは観測値が全体的に系統誤差を含んでいることが考えられる[4]．

(2) 未知量の推定値の精度

最小二乗法によって得られた未知量の推定値の精度は，分散・共分散行列を計算することによって求められる．バンドル調整における未知量（写真の外部標定要素および地上点の絶対座標）の推定値の分散・共分散行列 $\hat{\Sigma}$ は，正規方程式 (3.20) より，

$$\hat{\Sigma} = \hat{\sigma}_0^2 \cdot \left(\overline{\mathbf{B}}^T \overline{\mathbf{W}} \overline{\mathbf{B}}\right)^{-1} \tag{3.46}$$

となる．ここで，

$\hat{\sigma}_0^2$ ：未知量の残差の単位重みの分散の推定量

$\left(\overline{\mathbf{B}}^T \overline{\mathbf{W}} \overline{\mathbf{B}}\right)^{-1}$ ：収束後の正規方程式の係数行列の逆行列

である．よって，調整計算で得られた個々の未知量 k の推定値の標準偏差 $\hat{\sigma}_{kk}$ は，

$$\hat{\sigma}_{kk} = \sqrt{\hat{\Sigma}_{kk}} \tag{3.47}$$

となる．ただし，

$$\hat{\Sigma}_{kk}：\hat{\Sigma}_k の k 番目の対角要素$$

縮約正規方程式を用いれば，まず外部標定要素の推定値の分散・共分散行列を求め，その後で地上点の推定値の分散・共分散行列を求めることができる．外部標定要素の推定値の分散・共分散行列 $\hat{\Sigma}_A$ は，縮約正規方程式 (3.41) より，

$$\hat{\Sigma}_A = \hat{\sigma}_0^2 \cdot \left(\mathbf{A}_{11} - \mathbf{A}_{12} \mathbf{A}_{22}^{-1} \mathbf{A}_{21} \right)^{-1} \tag{3.48}$$

となる．

しかし縮約正規方程式を用いて未知量の推定値の精度を求めるにしても，式 (3.48) のように係数行列の逆行列を求める必要がある．問題の規模が大きい場合には，これを解くのは容易ではない．

3.6　付加パラメータの導入例

ここまでは，外部標定要素，地上点の絶対座標を未知量としたもっとも基本的なバンドル調整計算について解説してきた．しかし，写真測量で扱われる観測値には，偶然誤差だけでなく系統誤差も含まれている場合がある．最小二乗法は，調整計算のモデル自体に系統誤差が含まれていた場合，精度が悪くなってしまう．

そこで，この系統誤差を推定するために，モデルに付加パラメータ（誤差モデル）を導入し，精度を向上させることが可能である．たとえば，カメラパラメータを未知量としたセルフキャリブレーションもその1つということができる（セルフキャリブレーションについては第4章以降を参照）．

ここではバンドル調整への付加パラメータ導入例として，GNSS の観測が系統誤差を含んでいると考え，GNSS のシフトパラメータの導入について解説する．

3.6.1　共線条件

GNSS による観測には X 方向，Y 方向，Z 方向それぞれに系統的なシフト誤差があったと考えた場合に，写真 i，地上点 j についての共線条件は次式のようになる．

$$x_{ij} = -c\frac{\alpha_{11i}\{X_j-(X_{Oi}+X_S)\}+\alpha_{21i}\{Y_j-(Y_{Oi}+Y_S)\}+\alpha_{31i}\{Z_j-(Z_{Oi}+Z_S)\}}{\alpha_{13i}\{X_j-(X_{Oi}+X_S)\}+\alpha_{23i}\{Y_j-(Y_{Oi}+Y_S)\}+\alpha_{33i}\{Z_j-(Z_{Oi}+Z_S)\}}$$
$$y_{ij} = -c\frac{\alpha_{12i}\{X_j-(X_{Oi}+X_S)\}+\alpha_{22i}\{Y_j-(Y_{Oi}+Y_S)\}+\alpha_{32i}\{Z_j-(Z_{Oi}+Z_S)\}}{\alpha_{13i}\{X_j-(X_{Oi}+X_S)\}+\alpha_{23i}\{Y_j-(Y_{Oi}+Y_S)\}+\alpha_{33i}\{Z_j-(Z_{Oi}+Z_S)\}}$$
(3.49)

ただし，
$$(X_S, Y_S, Z_S): ブロック全体での GNSS のシフト量$$
である．なおここでは，シフト量はブロック全体でX方向，Y方向，Z方向それぞれ1つの値としているが，たとえば撮影コースごとに異なった値を取ると考えてコースごとにシフト量を未知量として扱うこともできる．その場合，コース数×3が付加される未知量となる．

3.6.2 観測方程式

(1) 観測点の観測方程式

式 (3.7) の観測点 ij に関する観測方程式を書き換えると次式のようになる．

$$\begin{bmatrix}v_x\\v_y\end{bmatrix}_{ij} + \underbrace{\begin{bmatrix}f_{10}&f_{11}&f_{12}\\g_{10}&g_{11}&g_{12}\end{bmatrix}^0_{ij}}_{\boldsymbol{\gamma}_{ij}}\underbrace{\begin{bmatrix}\Delta X_S\\\Delta Y_S\\\Delta Z_S\end{bmatrix}}_{\ddot{\boldsymbol{\Delta}}}$$

（シフト量に関する偏微分係数／シフト量の修正量）

$$+\underbrace{\begin{bmatrix}f_1&f_2&f_3&f_4&f_5&f_6\\g_1&g_2&g_3&g_4&g_5&g_6\end{bmatrix}^0_{ij}}_{\boldsymbol{\alpha}_{ij}}\underbrace{\begin{bmatrix}\Delta X_O\\\Delta X_O\\\Delta X_O\\\Delta\omega\\\Delta\varphi\\\Delta\kappa\end{bmatrix}_i}_{\dot{\boldsymbol{\Delta}}_i} + \underbrace{\begin{bmatrix}f_7&f_8&f_9\\g_7&g_8&g_9\end{bmatrix}^0_{ij}}_{\boldsymbol{\beta}_{ij}}\underbrace{\begin{bmatrix}\Delta X\\\Delta Y\\\Delta Z\end{bmatrix}_j}_{\ddot{\boldsymbol{\Delta}}_j} = -\underbrace{\begin{bmatrix}F\\G\end{bmatrix}^0_{ij}}_{\boldsymbol{\varepsilon}_{ij}}$$

(3.50)

ここで，
$$f_{10} = \frac{\partial F}{\partial X_S} = f_1, \quad f_{11} = \frac{\partial F}{\partial Y_S} = f_2, \quad f_{12} = \frac{\partial F}{\partial Z_S} = f_3$$
$$g_{10} = \frac{\partial G}{\partial X_S} = g_1, \quad g_{11} = \frac{\partial G}{\partial Y_S} = g_2, \quad g_{12} = \frac{\partial G}{\partial Z_S} = g_3$$

である．式 (3.50) は次式のように書くこともできる．

$$\mathbf{v}_{ij} + \boldsymbol{\gamma}_{ij} \cdot \dddot{\boldsymbol{\Delta}} + \boldsymbol{\alpha}_{ij} \cdot \dot{\boldsymbol{\Delta}}_i + \boldsymbol{\beta}_{ij} \cdot \ddot{\boldsymbol{\Delta}}_j = \boldsymbol{\varepsilon}_{ij} \tag{3.51}$$

または，行列形式で，

$$\mathbf{V} + \mathbf{C} \cdot \boldsymbol{\Delta}_C + \mathbf{A} \cdot \boldsymbol{\Delta}_A + \mathbf{B} \cdot \boldsymbol{\Delta}_B = \boldsymbol{\varepsilon} \tag{3.52}$$

と書くこともできる。

(2) 外部標定要素に関する観測方程式

外部標定要素の観測方程式はシフトパラメータを導入しないものと同じであり，式 (3.12) あるいは式 (3.13) で表すことができる。

(3) 地上点に関する観測方程式

地上点の観測方程式に関してもシフトパラメータを導入しないものと同じであり，式 (3.16) あるいは式 (3.17) で表すことができる。

(4) シフトパラメータに関する観測方程式

ここではシフトパラメータが観測されていると仮定する。シフト量の観測値を $[X_S{}^{ob} \quad Y_S{}^{ob} \quad Z_S{}^{ob}]^T$ とし，これら観測値における未知の残差を $[V_{SX} \quad V_{SY} \quad V_{SZ}]^T$ とすると，

$$\begin{bmatrix} X_S \\ Y_S \\ Z_S \end{bmatrix} = \begin{bmatrix} X_S^{ob} \\ Y_S^{ob} \\ Z_S^{ob} \end{bmatrix} + \begin{bmatrix} V_{SX} \\ V_{SY} \\ V_{SZ} \end{bmatrix} \tag{3.53}$$

である。さらに，シフト量の近似値を $[X_S{}^0 \quad Y_S{}^0 \quad Z_S{}^0]^T$, 修正量を $[\Delta X_S \quad \Delta Y_S \quad \Delta Z_S]^T$ とすると，

$$\begin{bmatrix} X_S \\ Y_S \\ Z_S \end{bmatrix} = \begin{bmatrix} X_S^0 \\ Y_S^0 \\ Z_S^0 \end{bmatrix} + \begin{bmatrix} \Delta X_S \\ \Delta Y_S \\ \Delta Z_S \end{bmatrix} \tag{3.54}$$

である。ゆえに，

$$\begin{bmatrix} V_{SX} \\ V_{SY} \\ V_{SZ} \end{bmatrix} - \begin{bmatrix} \Delta X_S \\ \Delta Y_S \\ \Delta Z_S \end{bmatrix} = \begin{bmatrix} X_S^0 - X_S^{ob} \\ Y_S^0 - Y_S^{ob} \\ Z_S^0 - Z_S^{ob} \end{bmatrix} \tag{3.55}$$

または，次式のようにも書ける。

$$\mathbf{V}_C - \boldsymbol{\Delta}_C = \boldsymbol{\varepsilon}_C \tag{3.56}$$

(5) 全体の観測方程式

行列表記された4つの観測方程式 (3.52)，(3.56)，(3.13)，(3.17) を並べて書けば次のようになる．

$$\mathbf{V} + \mathbf{C} \cdot \mathbf{\Delta}_C + \mathbf{A} \cdot \mathbf{\Delta}_A + \mathbf{B} \cdot \mathbf{\Delta}_B = \varepsilon \quad :観測点（共線条件）$$

$$\mathbf{V}_C - \mathbf{\Delta}_C = \varepsilon_C \quad :GNSSのシフトパラメータ$$

$$\mathbf{V}_A - \mathbf{\Delta}_A = \varepsilon_A \quad :写真の外部標定要素$$

$$\mathbf{V}_B - \mathbf{\Delta}_B = \varepsilon_B \quad :地上点の絶対座標$$

または，

$$\begin{bmatrix} \mathbf{V} \\ \mathbf{V}_C \\ \mathbf{V}_A \\ \mathbf{V}_B \end{bmatrix} + \begin{bmatrix} \mathbf{C} & \mathbf{A} & \mathbf{B} \\ -\mathbf{I} & 0 & 0 \\ 0 & -\mathbf{I} & 0 \\ 0 & 0 & -\mathbf{I} \end{bmatrix} \begin{bmatrix} \mathbf{\Delta}_C \\ \mathbf{\Delta}_A \\ \mathbf{\Delta}_B \end{bmatrix} = \begin{bmatrix} \varepsilon \\ \varepsilon_C \\ \varepsilon_A \\ \varepsilon_B \end{bmatrix} \quad (3.57)$$

ただし，$\mathbf{I}$は単位行列である．

3.6.3 正規方程式

3.2.3項と同様に考えれば，正規方程式は次式のように書くことができる．

$$\begin{bmatrix} \mathbf{C}^T\mathbf{WC} + \mathbf{W}_C & \mathbf{C}^T\mathbf{WA} & \mathbf{C}^T\mathbf{WB} \\ \mathbf{A}^T\mathbf{WC} & \mathbf{A}^T\mathbf{WA} + \mathbf{W}_A & \mathbf{A}^T\mathbf{WB} \\ \mathbf{B}^T\mathbf{WC} & \mathbf{B}^T\mathbf{WA} & \mathbf{B}^T\mathbf{WB} + \mathbf{W}_B \end{bmatrix} \cdot \begin{bmatrix} \mathbf{\Delta}_C \\ \mathbf{\Delta}_A \\ \mathbf{\Delta}_B \end{bmatrix} = \begin{bmatrix} \mathbf{C}^T\mathbf{W}\varepsilon - \mathbf{W}_C\varepsilon_C \\ \mathbf{A}^T\mathbf{W}\varepsilon - \mathbf{W}_A\varepsilon_A \\ \mathbf{B}^T\mathbf{W}\varepsilon - \mathbf{W}_B\varepsilon_B \end{bmatrix}$$
$$(3.58)$$

ここで，

$\mathbf{W}_C$：シフトパラメータの重み

であるが，通常，シフトパラメータは観測値もなく分散も不明であるので，ここではゼロとして取り扱う．一般的にもゼロに近い値になるといわれている．

正規方程式の構造は図3.15のようになる．

3.6.4 縮約正規方程式

正規方程式 (3.58) を次のようにおく．

$$\begin{bmatrix} \mathbf{B}_{11} & \mathbf{B}_{12} & \mathbf{B}_{13} \\ \mathbf{B}_{21} & \mathbf{B}_{22} & \mathbf{B}_{23} \\ \mathbf{B}_{31} & \mathbf{B}_{32} & \mathbf{B}_{33} \end{bmatrix} \cdot \begin{bmatrix} \mathbf{\Delta}_C \\ \mathbf{\Delta}_A \\ \mathbf{\Delta}_B \end{bmatrix} = \begin{bmatrix} \mathbf{e}_C \\ \mathbf{e}_A \\ \mathbf{e}_B \end{bmatrix} \quad (3.59)$$

3.6 付加パラメータの導入例

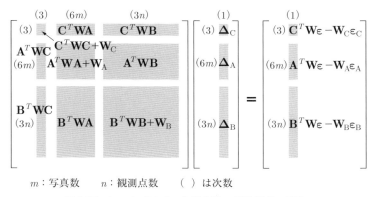

m：写真数　　n：観測点数　　（ ）は次数

図 3.15 シフトパラメータ導入時の係数行列の構造

3.2.6 項と同様に考えて $\boldsymbol{\Delta}_B$ を消去すれば，次式のような縮約正規方程式が得られる。

$$\begin{bmatrix} \mathbf{B}_{11} - \mathbf{B}_{13} \cdot \mathbf{B}_{33}^{-1} \cdot \mathbf{B}_{31} & \mathbf{B}_{12} - \mathbf{B}_{13} \cdot \mathbf{B}_{33}^{-1} \cdot \mathbf{B}_{32} \\ \mathbf{B}_{21} - \mathbf{B}_{23} \cdot \mathbf{B}_{33}^{-1} \cdot \mathbf{B}_{31} & \mathbf{B}_{22} - \mathbf{B}_{23} \cdot \mathbf{B}_{33}^{-1} \cdot \mathbf{B}_{32} \end{bmatrix} \cdot \begin{bmatrix} \boldsymbol{\Delta}_C \\ \boldsymbol{\Delta}_A \end{bmatrix} \\ = \begin{bmatrix} \mathbf{e}_C - \mathbf{B}_{13} \cdot \mathbf{B}_{33}^{-1} \cdot \mathbf{e}_B \\ \mathbf{e}_A - \mathbf{B}_{23} \cdot \mathbf{B}_{33}^{-1} \cdot \mathbf{e}_B \end{bmatrix} \tag{3.60}$$

この縮約正規方程式を解いてまず $\boldsymbol{\Delta}_C$ および $\boldsymbol{\Delta}_A$ を算出し，その値を代入して $\boldsymbol{\Delta}_B$ を求めれば，正規方程式 (3.58) を解くのと同じ解が求められる。

なお，縮約正規方程式 (3.60) を次式 (3.61) のようにおくと，式 (3.61) の構造は図 3.16 のようになる。

$$\begin{bmatrix} \mathbf{P}_{11} & \mathbf{P}_{12} \\ \mathbf{P}_{21} & \mathbf{P}_{22} \end{bmatrix} \cdot \begin{bmatrix} \boldsymbol{\Delta}_C \\ \boldsymbol{\Delta}_A \end{bmatrix} = \begin{bmatrix} \mathbf{q}_1 \\ \mathbf{q}_2 \end{bmatrix} \tag{3.61}$$

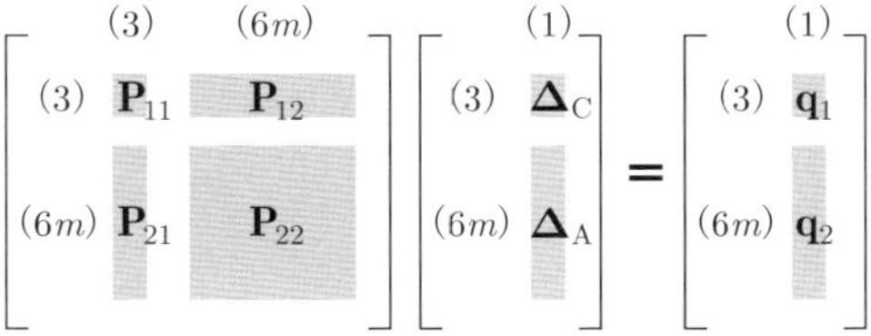

図 3.16 シフトパラメータ導入時の縮約正規方程式の係数行列の構造

3.6.5 縮約正規方程式の構造

3.6.4 項までで取り上げた例のようにブロック全体で1つのシフトパラメータ (X_S, Y_S, Z_S) を導入した場合，3.2.6 項と同様の条件で OL 60%・SL 30% 撮影，交互方向コースとすれば，縮約正規方程式の係数行列の構造は図 3.17 のようになる。

このように，行列の上辺・左辺にシフトパラメータに関する非ゼロ要素が追加される。シフトパラメータの未知量の数は3であり，上辺・左辺の非ゼロ要素の帯は幅が3となる。（図中の「S」の帯）

また，コースごとにシフトパラメータを導入することを考えた場合，縮約正規方程式の係数行列の構造は図 3.18 のようになる。

このケースでは，1コースあたり3つのシフトパラメータが未知量として加わる

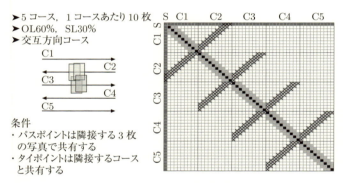

図 3.17 シフトパラメータ導入時の係数行列

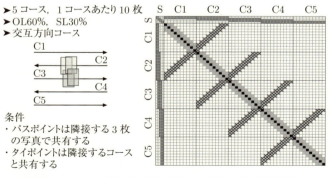

図 3.18 コースごとのシフトパラメータ導入時の係数行列

ため，付加パラメータは全部で15個となり，幅15の帯が行列の上辺・左辺に追加されることになる．ただし，この帯のすべての部分に非ゼロ要素が入るわけではなく，タイポイントあるいは基準点でつながっているコース同士に対応する位置のみ非ゼロ要素が配置される．

3.7 空中三角測量におけるその他の事項

本節では，空中三角測量に対してバンドル調整を実装する場合に，付属的に留意すべき点を記しておく．

ボアサイトキャリブレーションとは，航空機の屋根に取り付けられたGNSSアンテナと航空機の床に取り付けられた航空カメラ，航空カメラに取り付けられたIMU装置の相対位置や取付け角の違い（ボアサイトキャリブレーションデータ）を求めるもので，GNSS/IMU装置による観測データを使用せずに空中三角測量が行える十分な標定点が設置された地区を撮影し，標定点のみを用いて空中三角測量を行って得られた外部標定要素とGNSS/IMU装置による観測データのみによって得られた外部標定要素を比較することにより得られる．

現在の空中三角測量では，GNSS/IMU装置で観測されるデータを使用することが標準となっているため，ボアサイトキャリブレーションデータを用いて撮影されたすべての空中写真に対して，GNSS/IMU装置で観測されたデータから較差の補正を行わなければならない．これは，ブロック全体に影響を及ぼす敏感なパラメータであり，未知量としてモデルに付加しても計算がうまく収束しなかったり，パラメータ間で相関が強く推定値の精度が悪くなったりする可能性があるものである[5),6)]．

昨今の空中三角測量ソフトウェアは，まず画像マッチング技術を用いて大量にパスポイント・タイポイントを抽出し，次にバンドル調整計算実行時に大誤差を持つ観測点（アウトライアとも呼ばれる）を自動的に探索・除去しながら計算し，最終成果を算出するといった傾向にある．大誤差を持つ観測点の探索は，多項式などを用いた調整計算によって検出し，その観測点を除去した後にバンドル調整を行う方法が採られていたが，現在では統計的な方法による自動探索（データスヌーピングとも呼ばれる）によって行われている[7)〜12)]．

本章では非線形最小二乗法の解法としてガウス・ニュートン法を用いたが，

Levenberg-Marquardt 法 (LM) による収束計算がより優れているといわれている[2), 13), 14)]。また,Powell の dogleg 法を適用したバンドル調整計算について述べている Lourakis ほか[15)]や,分割統治法によるアプローチを行っている Ni ほか[16)]の文献もある。

参考文献

1) 日本写真測量学会編 (1997)：解析写真測量改訂版.
2) 岡谷貴之 (2010)：バンドルアジャストメント,八木康史・斉藤英雄編,コンピュータビジョン最先端 3, アドコム・メディア (株),pp.1-31.
3) 九州大学構造解析学研究室：連立一次方程式ソルバーに関する豆知識.
http://www.doc.kyushu-u.ac.jp/kouriki/kougi/ouyou/slsiryou.pdf
4) Luhmann, T., Robson, S., Kyle, S., and Harley, I. (2006)：Close Range Photogrammetry, Wiley, pp.52-72.
5) Mostafa, M.M.R. (2001)：Boresight calibration of integrated inertial/camera systems, Proc. International Symposium on Kinematic Systems in Geodesy, Geomatics and Navigation – KIS.
6) Tao, V. and Li, J., Eds. (2007)：Advances in Mobile Mapping Technology, Taylor & Francis Group, London, UK, pp.66-78.
7) Baarda, W. (1968)：A Testing Procedure for Use in Geodetic Networks, Publications on Geodesy, Vo.2, No.5, Netherlands Geodetic Commission.
8) Gruen, A. (1979)：Gross Error Detection in Bundle Adjustment. Paper presented at the Aerial Triangulation Symposium in Brisbane, Australia, Oct.15-17.
9) 中川徹,小柳義夫 (1986)：最小二乗法による実験データ解析,UP 応用数学選書 7,東京大学出版会,pp.157-176.
10) Kruck, E. (1995)：Balanced Least Squares Adjustment for Relative Orientation, Optical 3-D Measurement Techniques III, ed. by A. Gruen and H. Kahmen, Wichmann Verlag, pp.486-495.
11) Kubik, K., Merchant, D. and Schenk, T. (1987)：Robust Estimation in Photogrammetry, PE&RS, Vol. 53, No. 2, Feb., pp.167-169.
12) Veress, S.A. and Huang, Y. (1987)：Application of Robust Estimation in Close-Range Photogrammetry, PE&RS, Vol. 53, No. 2, Feb., pp.171-175.
13) Triggs, B., McLauchlan, P., Hartley, R. and Fitzgibbon, A. (2000)：Bundle Adjustment – A Modern Synthesis, Vision Algorithm: Theory & Practice, pp.298-372.
14) Agarwal, S., Snavely, N., Seitz, S.M. and Szeliski, R. (2010)：Bundle Adjustment in the Large, ECCV (2), pp.29-42.
15) Lourakis, M. and Argyros, A. (2005)：Is Levenberg-Marquardt the Most Efficient Optimization Algorithm for Implementing Bundle Adjustment ?, ICCV, pp. 1526-1531.
16) Ni, K., Steedly, D. and Dellaert, F. (2007)：Out-of-Core Bundle Adjustment for Large-Scale 3D Reconstruction, ICCV, pp.1-8.

第4章

地上写真測量におけるバンドル調整と
カメラキャリブレーション

　本章では，地上写真測量において，非計測用カメラを用いたバンドル調整について述べる。まず，地上写真測量におけるバンドル調整として，バンドル調整がどのように扱われているか一連の処理の流れから外観する。次に非計測用カメラにおけるセルフキャリブレーションについて，カメラキャリブレーション法を含めて解説し，非計測用カメラの諸問題について論じる。

4.1　地上写真測量におけるバンドル調整

　本節では，バンドル調整が地上写真測量でどのように利用されているか，その目的である非計測用デジタルカメラを利用した三次元計測，モデル作成の処理の流れから一例をとり全体を外観したい。

4.1.1　計測フロー

　図 4.1 に計測処理のフローを示す。計測に必要な機材は，デジタルカメラ，デジタル写真測量用ソフト，あるいはデジタルステレオ図化機である。ノート PC にインストールされたソフトを利用すれば，オフィスだけでなく現地での解析も可能である。使用するデジタルカメラは 1 台でも複数台でも，また固定してもしなくてもよい。4.2 節に後述するカメラキャリブレーションを行い撮影時のカメラの内部標定要素が分かっていれば，図 4.1 の計測フローにて計測，図化，解析が可能である。

4.1.2　事前準備

　計測に先立って，事前準備として撮影計画策定を行う。計測被写体に対して必要計測精度の検討を行い，それに応じた撮影位置，撮影カメラの画角，焦点距離を決め，

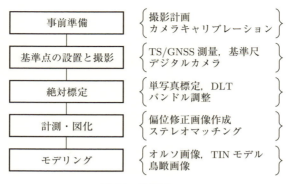

図 4.1 計測フロー

基準点，タイポイントの配置などを決める．地上写真測量では，基準点計測に**トータルステーション**（Total Station：**TS**）や GNSS を利用できるが，数 m 規模のもので，形状や大きさの計測が目的で絶対位置が必要でない場合は，それら機器を利用せず基準尺など長さの基準を一緒に写し込んで計測してもよい．地上写真測量の用途は，利用目的にもよるが，通常では精密工業計測ほどの精度（1 mm 以下）を要せず，数 mm～数 cm 程度である．そして広範な領域の計測，**デジタル地表面モデル**（Digital Surface Model：**DSM**）作成にはステレオマッチング法を利用する．

撮影は非計測カメラを利用した精密工業計測とは異なり，収束撮影ではなく平行ステレオ撮影となることが多い．計測に先立って，計測推定精度（分解能）を見積もるために，計測被写体に応じて撮影距離 H，カメラ間距離 B，レンズの画面距離 c から次式を用いて検討する．

$$\Delta xy = \frac{H}{c} \times \Delta p \tag{4.1}$$

$$\Delta z = \frac{H \times H}{c \times B} \times \Delta p \tag{4.2}$$

ただし，Δxy：平面方向分解能，Δz：奥行き方向分解能，Δp：画素分解能

実用上推定精度の見積もりは式 (4.1)，(4.2) を利用し[2]，使用するカメラは一眼レフカメラで固定焦点のものが推奨される．式 (4.1)，(4.2) から，焦点距離により計測分解能が左右されるため，安定した計測を行いたい場合は，入射光の結像位置が固定された固定焦点レンズで撮影するのが推奨される．また，式 (4.2) のとおり撮影距離は奥行精度に二乗で悪化させるため，撮影距離が制約される場合にはとく

に注意して焦点距離や撮影範囲を決定する．小型でレンズとカメラ本体が一体型のコンパクトカメラも使用可能であるが，その際はさらに注意が必要である（詳細は4.2.4 項参照）．使用するカメラの本体とレンズの焦点距離が決まれば，カメラの内部標定要素を求めるカメラキャリブレーションを行う．カメラキャリブレーションは，事前でなく，レンズを固定さえしておけば事後でもよい．キャリブレーション方法については，4.2.2 項で解説する．

4.1.3 基準点の設置と撮影

事前準備が終わったら，基準点を設置し，それらが写真に写り込むよう，かつ中心位置が基準点と一致するようにターゲットを貼り付ける．ターゲットを観測するソフトによっては専用の模様のものが用意され，自動的に読み取れるようになっており，計測精度と安定性を向上させることができる．また，撮影される画像の地上寸法によって読み取り精度が変わってくるため，模様が適切に読み取れる大きさで描かれたターゲットを使用しなければならない．一般的には，たとえば円形の模様であれば，その直径が撮像素子上で 15 画素以上となることが推奨される[3]．基準尺を使用する場合は，必要精度に応じて長さが較正されたものを配置して計測対象物とともに写し込む．

被写体の濃淡が少なく，形状に凹凸があるものは，ステレオ写真上でその形状を認識し，計測することは困難であるため，形状の凹凸が変化し始める箇所，つまり傾斜変換点にターゲットを設置しておく必要がある．この傾斜変換点に設置したターゲットを，ここではタイポイントと呼ぶ．

基準点やターゲットの設置が終了したら，撮影を行う．撮影は複数の箇所から計測あるいは図化の対象となる被写体が重複して最低 2 枚以上の写真に写るように行う．しかし，無計画に撮影するのではなく，なるべく被写体の解像度が均一になるように，そしてできるだけ隠蔽部や暗影部が生じないように撮影する．

4.1.4 絶対標定

基準点やタイポイントを設置し，撮影が終了したら，PC に基準点の座標や撮影した画像を読み込む．そして，計測ソフトの画面上で基準点やタイポイントを計測し，絶対標定により外部標定要素を求める．この作業は，マニュアルもしくは画像処理を併用した半自動にて行う．あるいは，ターゲットにコードが埋め込まれた模

様が描かれていれば，全自動で計測することも可能である．ターゲットが設置できない場合は，撮影された画像の特徴のある箇所をモニタ表示し目視で人が計測する．この作業もマニュアル計測もしくは画像処理で1つの画像上で計測すれば，ほかの画像上では自動的に計測してくれる半自動計測も利用できる．

絶対標定には，単写真標定[1]やDLT（Direct Linear Transformation）法が使用できる（6.3.2項）．複数のステレオモデルを接続する場合，各ペアに6点以上のタイポイント，全体で3点以上の基準点があれば絶対位置による三次元計測が可能となる．標定後にバンドル調整により三次元座標，タイポイント，外部標定要素を同時に調整計算し誤差を最小化する．そしてこれらの作業を経て三次元図化，計測，モデリングが可能となる．

なお，大きさや特定の位置である必要のないステレオモデルでよい場合は，相互標定を行えばよい．相互標定では，ステレオ写真で計測された5点以上の写真座標を用いる．この写真座標の配置は，精度管理の観点から計測対象物を覆うように最低6点を計測するのが望ましい．

4.1.5 計測・図化

求められた外部標定要素から偏位修正処理[4]を行い，偏位修正画像を作成する．

偏位修正画像（図4.2）は，画像の光軸を平行にすることで左右画像の縦視差を取り除き，左の画像の対応点が左右の画像の主点と地上の対応点で構成する三角形を分断する**エピポーラ線**（**エピポーララインともいう**）を水平同一線上に整列するように偏位修正した画像のことで，カメラキャリブレーションにより求めた内部

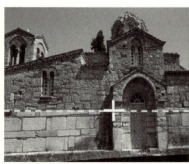

図4.2　偏位修正画像

標定要素からレンズの歪み補正を同時に行うことで，立体視可能なステレオ画像とすることができる．また，偏位修正画像は左右の同一水平ライン上に対応点が存在することから，一次元探索により三次元座標が求められる．

すなわち，計測・図化作業は，モニタに映し出された左右画像それぞれの左右の同一水平線上にある対応点を求めることで可能になる（図4.2）．立体モニタに表示して計測する場合は，メスマークと呼ばれる目印を左右に移動（立体的には高さを上下させているように見える）させる．

偏位修正画像を作成せず，モニタ上に左右のエピポーラ線を表示し計測するシステムもある．

三次元計測は，ステレオマッチング法にてライン上を一次元探索することにより全自動で行われる．ステレオマッチング法には，**正規化相互相関法**（Normalized Cross Correlation）や**最小二乗マッチング**（Least Squares Matching：**LSM**）[5], [6]を利用する．Kochiらは，このLSM法を改良したTIN-LSM法を開発し，マッチングを高精度化し様々なものを三次元計測している[7]．さらに方向符号化（OCM）法[54]を組み込み，明度変化，オクルージョン，変形に強いロバストステレオマッチング法を開発しさらなる自動化を行っている[8]．

4.1.6　モデリング

求めた面上の三次元座標点から**TIN**（Triangular Irregular Network）[9]モデルを作成する．このモデルは，ミスマッチング点が除去されていれば，面を滑らかな表面形状として再構築することができる（図4.3）．また，画像から点を再構築するため，1対1でテクスチャ（写真）を三角パッチ上に貼り付けることができる．こ

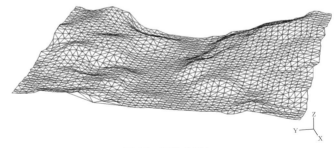

図4.3　TINモデル

れによりリアルな三次元モデルが再構築できる．また正射投影（オルソ）画像を作成し出力が可能となる．そして三次元座標データは，GIS や CAD のフォーマットに変換し，それらシステムでデータを読み込み利用される．

4.2 非計測用カメラにおけるセルフキャリブレーション

4.2.1 セルフキャリブレーションつきバンドル調整

セルフキャリブレーションつきバンドル調整とは，カメラの外部標定要素，地上点の三次元座標に加えて，内部標定要素も同時に調整する手法である．内部標定要素は系統的誤差としてモデル化する．すなわち，バンドル調整で利用される共線条件式に誤差モデルの項を追加して未知量を解く．セルフキャリブレーションつきバンドル調整の共線条件式を次式に示す．

$$
\begin{aligned}
x &= -c \frac{a_{11}(X-X_O)+a_{12}(Y-Y_O)+a_{13}(Z-Z_O)}{a_{31}(X-X_O)+a_{32}(Y-Y_O)+a_{33}(Z-Z_O)} + \Delta x \\
y &= -c \frac{a_{21}(X-X_O)+a_{22}(Y-Y_O)+a_{23}(Z-Z_O)}{a_{31}(X-X_O)+a_{32}(Y-Y_O)+a_{33}(Z-Z_O)} + \Delta y
\end{aligned}
\tag{4.3}
$$

ここで，

c	：画面距離
x, y	：写真座標
X, Y, Z	：絶対座標（基準点，タイポイント）
X_O, Y_O, Z_O	：投影中心座標
a_{ij}	：3×3 の回転行列の要素
$\Delta x, \Delta y$	：系統誤差

カメラキャリブレーションは，基準点を複数方向から撮影し，セルフキャリブレーションつきバンドル調整で行う．カメラキャリブレーションは計測作業時に，計測対象物やその周辺に基準点を設置し，観測点の三次元座標とともに，内部標定要素を同時に調整して求めることも可能であるが，撮影条件，撮影ネットワークを検討し，多数の基準点配置をして計測をしなければならず，条件が悪い場合は計算が収束しなかったり，パラメータ間で相関が強く推定値の精度が悪くなったりする可能性があり，効率的ではない．そのため，事前にカメラキャリブレーションを行っておくのが一般的方法である．また，デジタルカメラのキャリブレーションは，フ

ィルムではなく物理的に正確に配置された撮像素子により画像を取得するため，誤差モデルは放射方向歪みと接線方向歪みを補正する比較的単純な Brown の式 [10] の高次の項を省略したモデルを使用するのが一般的である．

$$\Delta x = \left(k_1 r^2 + k_2 r^4 + k_3 r^6\right)\overline{x} + p_1\left(r^2 + 2\overline{x}^2\right) + 2p_2\overline{xy}$$
$$\Delta y = \left(k_1 r^2 + k_2 r^4 + k_3 r^6\right)\overline{y} + 2p_1\overline{xy} + p_2\left(r^2 + 2\overline{y}^2\right) \qquad (4.4)$$
$$\overline{x} = x - x_p, \quad \overline{y} = y - y_p, \quad r = \sqrt{\overline{x}^2 + \overline{y}^2}$$

ここで，

x_p, y_p ：主点位置座標

$\Delta x, \Delta y$ ：系統誤差

r ：主点位置から対応する写真座標までの距離

$k_1 \sim k_3$ ：レンズの放射方向歪曲収差のパラメータ

$p_1 \sim p_2$ ：レンズの接線方向歪曲収差のパラメータ

セルフキャリブレーションの調整計算は，式 (4.3) で与えられる共線条件式に対して，内部標定要素を新たな未知変量として解く．すなわち，未知変量の近似値を与え，そのまわりにテーラー展開して線形近似された観測方程式を式 (4.5) のように求める．既知の基準点を用意して内部標定要素を解く場合は，基準点の三次元座標値を固定もしくは重みを無限大にして計算を行う．

$$\mathbf{V} + \dot{\mathbf{B}}\dot{\boldsymbol{\delta}} + \ddot{\mathbf{B}}\ddot{\boldsymbol{\delta}} + \dddot{\mathbf{B}}\dddot{\boldsymbol{\delta}} = \boldsymbol{\varepsilon} \qquad (4.5)$$

ここで，

$\mathbf{V}$ ：画像座標の残差ベクトル

$\dot{\mathbf{B}}$ ：内部標定要素の偏微分係数を測定値と未知量の近似値で表現した係数行列

$\dot{\boldsymbol{\delta}}$ ：内部標定要素の近似値に対する修正値ベクトル

$\ddot{\mathbf{B}}$ ：外部標定要素の偏微分係数を測定値と未知量の近似値で表現した係数行列

$\ddot{\boldsymbol{\delta}}$ ：外部標定要素に対する修正値ベクトル

$\dddot{\mathbf{B}}$ ：地上座標の偏微分係数を測定値と未知量の近似値で表現した係数行列

$\dddot{\boldsymbol{\delta}}$ ：地上座標値に対する修正値ベクトル

そして次のような観測方程式を設定する．

$$\begin{aligned}\dot{\mathbf{V}}-\dot{\boldsymbol{\delta}}&=\dot{\boldsymbol{\varepsilon}} \quad :内部標定要素\\ \ddot{\mathbf{V}}-\ddot{\boldsymbol{\delta}}&=\ddot{\boldsymbol{\varepsilon}} \quad :外部標定要素\\ \dddot{\mathbf{V}}-\dddot{\boldsymbol{\delta}}&=\dddot{\boldsymbol{\varepsilon}} \quad :地上点の座標値\end{aligned} \quad (4.6)$$

ただし,

$\dot{\mathbf{V}}$:内部標定要素の観測値の残差ベクトル

$\ddot{\mathbf{V}}$:外部標定要素の観測値の残差ベクトル

$\dddot{\mathbf{V}}$:地上座標値の観測値の残差ベクトル

式 (4.5) および式 (4.6) は,結合した観測方程式として,次式のように表現できる.

$$\begin{bmatrix}\mathbf{V}\\ \dot{\mathbf{V}}\\ \ddot{\mathbf{V}}\\ \dddot{\mathbf{V}}\end{bmatrix}+\begin{bmatrix}\dot{\mathbf{B}} & \ddot{\mathbf{B}} & \dddot{\mathbf{B}}\\ -\mathbf{I} & 0 & 0\\ 0 & -\mathbf{I} & 0\\ 0 & 0 & -\mathbf{I}\end{bmatrix}\begin{bmatrix}\dot{\boldsymbol{\delta}}\\ \ddot{\boldsymbol{\delta}}\\ \dddot{\boldsymbol{\delta}}\end{bmatrix}=\begin{bmatrix}\boldsymbol{\varepsilon}\\ \dot{\boldsymbol{\varepsilon}}\\ \ddot{\boldsymbol{\varepsilon}}\\ \dddot{\boldsymbol{\varepsilon}}\end{bmatrix} \quad (4.7)$$

ただし,**I** は単位行列である.

正規方程式と縮約正規方程式の解法と実装の詳細に関しては第3章,もしくは参考文献[1),11)]を参照されたい.この場合の付加パラメータは内部標定要素となる.

図 4.4 に,縮約正規方程式の係数行列 **S** の模式図を示す.係数行列の大きさは,セルフキャリブレーションのためのパラメータ数 q と外部標定要素パラメータの数

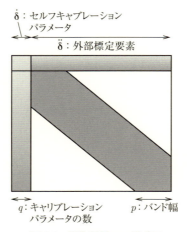

図 4.4 係数行列 **S** の模式図

(写真枚数×6)を加えたものになる。図に示すように外部標定要素に関する部分は、バンド幅 p の対角行列になる。このバンド幅 p はサイドラップやオーバーラップの大きさや、写真の順番の並べ方によって変化する。

4.2.2 カメラキャリブレーションのための撮影方法

非計測用カメラをキャリブレーションする方法について解説する。キャリブレーション方法は、精密に計測された三次元基準点が配置された被写体を1台のカメラで複数方向から撮影することで行われる（図 4.5(a)）。地上写真測量の場合は、必要精度と効率の問題からシートに印刷されたターゲットを最低5方向から撮影し自動計測することが多い（図 4.5(b)）。この作業は撮影してデータを PC に読み込めば、ターゲット検出と内部標定要素算出を全自動処理するため数分で行える。したがって、カメラのレンズを固定できない場合や、焦点距離を変えたり、レンズを変更する場合でもシートを貼り付けておけばその場で数分で簡便にキャリブレーションができる。図 (b) のような精密三次元基準点を複数方向から撮影する方法は、基準点が三次元状に配置されているために見えない（写らない）部分が生じ、自動計測ができずマニュアル計測となり、計測自体に時間がかかり労力を要するものとなる。

撮影は、図 4.6 のようにレンズの歪みが補正されるように、全体が撮影されたもの1枚と撮像素子の4辺をいっぱいに撮影できるようカメラを傾けて左右上下方向から撮影する[12]。

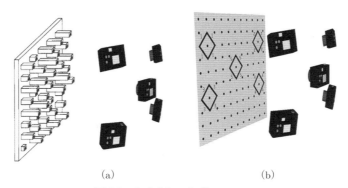

(a) (b)

図 4.5 カメラキャリブレーション

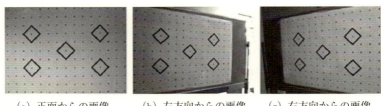

(a) 正面からの画像　　(b) 左方向からの画像　　(c) 右方向からの画像

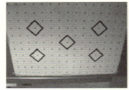 

(d) 上方向からの画像　　(e) 下方向からの画像

図 4.6　撮影方法

4.2.3　ズームレンズへの対応

　測定精度が問題となる写真測量の分野では，ズームレンズは，焦点距離の変動に伴いレンズの歪みが変動するため一般的には利用されていない。しかしながらズーム機能付きデジタルカメラが普及してきており，ズームレンズを利用して被写体に合わせて計測したいという要望がある。Exif ファイルには，焦点距離情報が書き込まれており（正確な値ではない），これをインデックスとして利用するズームレンズのキャリブレーション法が検討されている[12)〜15)]。精度は固定焦点法に比較して劣り，$1/3\,000 \sim 1/5\,000$（撮影距離 5 m で 1 mm）程度であるが，用途に応じて（たとえば遺跡調査，交通事故調査など）利用可能である[13), 15)]。基本的な原理は，カメラの内部標定要素を曲線近似し，焦点距離に応じた内部標定要素を算出しようというものである。

　図 4.7 の例は，焦点位置をレンズディストーションの大きい広角側を密にとり，ほかは等間隔とした 16 箇所の焦点位置により，高精度三次元基準点にてキャリブレーションを行い $k_1, k_2, p_1, p_2, x_p, y_p$ を曲線近似した例である[14)]。Fraser ら[15)]は，カメラによる放射方向の非線形性に対応させるため，内部標定要素を k_1, x_p, y_p, c とし k_1 を c の多項式[53)]として 4 箇所の焦点位置から内部標定要素の推定をしている。柳ら[16)]はとくに高倍率の望遠側が不安定であることから，この要因をミスアライメント（撮像面の位置と傾き）による主点位置の変動として補正を試み

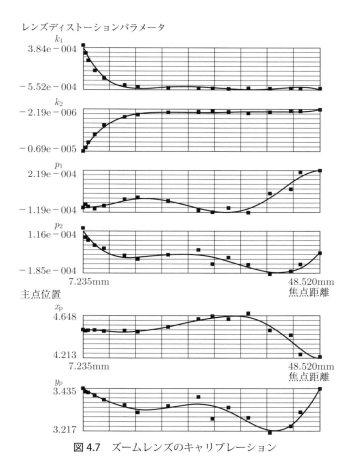

図 4.7 ズームレンズのキャリブレーション

ている。これらは機種による違いが大きいが，それらを考慮すれば利用することができ期待される技術である。

4.2.4 非計測用カメラの問題点

　非計測用カメラを計測用カメラとし，安定した精度で間違いなく使用するためには，カメラキャリブレーションを行うのはもちろんであるが，カメラの内部機構に留意し，次の点について注意して利用する必要がある。

　① AF（Auto Focus）機能をオフにして焦点距離を固定にすることができるか。

②　固定焦点としたときに，同じ位置に焦点距離を再現できるか，あるいは焦点距離を物理的に固定できるか．
③　ぶれ補正機能をオフにできるか．

すなわち，使用したいカメラの内部が動く機構となっているものは，計測中に動くと内部標定要素が不安定になり計測精度に影響を与える．

上記①〜③は重要な事項で，AF 機能やぶれ補正機能がオンになっていると，内部標定要素が撮影のたびに変わってしまうために推奨できない．このような理由からとくにコンパクトカメラの場合は注意が必要である．一眼レフカメラの場合は，単焦点レンズを利用して AF をオフにしてレンズを固定して使用する．一眼レフカメラは，小型カメラより取り扱いが若干劣るが計測精度がより安定して高く利用できるので推奨される．レンズを固定しない，あるいは固定できない場合は，計測ごとにキャリブレーションを行うとよい．シートによるキャリブレーションは先に解説したように簡便に行える．

産業用カメラは地上写真測量ではあまり使用されないが，これらを使用する場合はさらに注意が必要である．通常，レンズは交換可能なため，レンズ性能は注意して選択する必要がある．とくに幾何学的歪みだけでなく色収差が非対称のぼけとなって計測精度に影響を及ぼす．これらの理由から，性能の良いレンズを利用して注意深く撮影し，キャリブレーションしないと，所望の性能が得られないことが多い．

一眼レフカメラ以外を使用する場合は，細かい配慮をしないと，目的に応じた精度が確保できないことが多いので注意を要する．

4.3　地上写真測量の諸問題

4.3.1　基準点，タイポイントの設置と撮影方法

地上写真測量では，基準点やタイポイントの設置，そして撮影方法がもっとも重要な課題である．なぜならば，これらが外部標定，バンドル調整に影響し，結果として計測の品質や効率を左右し，場合によっては再計測が必要となることもあるからである．必ずしも基準点が必要でない場合や，計測対象物に模様が豊富で，タイポイントを設置せずとも計測できるケースもあるが，計測の精度と信頼性の確保，そして解析の作業効率からそれらの設置を行って計測することが多い．

撮影は，計測領域が広範な場合，画角の問題から複数枚の画像を接続するため平

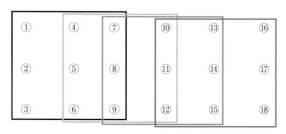

図 4.8 撮影とタイポイント

行撮影していくことが多い。一例として，オーバーラップは 60％以上とし，1 枚の画像の中に 9 点以上をタイポイントとして平行撮影していき，常に 3 枚の画像の中に同じ 3 点が写るように撮影していくと確実である（図 4.8）。しかしながらこのような条件を保ちながら撮影していくことは，計測対象や計測条件により困難なことが多い。

空中写真測量では，上空から地表面を撮影するため，撮影条件が一様で撮影計画は立てやすいが，地上写真測量の場合は，計測対象の形状が平面ではなく，対象物に対して様々な角度，位置から撮影する必要がある。そして撮影位置，タイポイントやオーバーラップの問題もあり，標定が必ずしも安定的にうまくいくとは限らない。とくに，コーナーや入り組んだ箇所などの撮影は注意を要する（多数枚の写真が必要となる）。計測対象物には様々な形状や条件があるので，これらの方法を一般的に解説するのは困難で，撮影はノウハウがあり難しい。

実際の解析作業は撮影された画像から標定，バンドル調整を行い，その結果，解が安定しない，あるいは収束しなければ，PC 上で標定点を再計測や追加計測していき，安定に解が求まるまでこれら作業を繰り返し行うことになる。それでも解が求まらない場合は再撮影もあり得るが，カメラを使った計測の最大の利点はその記録性であり，効率やコストの点からもなるべく避けたいのが実情である。逆に，現場に戻り再撮影せずとも，撮影済みの写真から再計測することができることが，この手法のメリットである。

これらのことから，計測やモデリングのための最終的なバンドル調整を確実に行うためには，撮影された画像の外部標定要素をいかに効率的に，かつ安定的に精度良く求めるかが重要課題となっている。

4.3.2 バンドル調整と標定問題

対応点を計測する作業は，撮影枚数が多くなるとその労力は指数関数的に増え作業効率上無視できない。また，バンドル調整を安定的に行うには大誤差のある点を含まない初期値が必要であることから，標定の自動化と信頼性向上は重要課題である。それらから，画像処理を併用することで半自動や全自動で計測する方法が開発されている。それらの方法について，コンピュータビジョン（CV）で行われている方法も含めて以下に解説する。

（1） マニュアル標定と半自動標定

マニュアル標定とは，左右のステレオ画像をコンピュータのディスプレイ上に映し出し，左右同一対応点を，カーソルを移動して人が目視しながら計測する方法である。この方法は効率的ではないが，人が左右画像上の対応点を認識できればどこの点でも対応をとることができる。測定精度は，表示される画面の解像度や撮像素子の画素サイズ（ピクセルオーダー）に依存したものとなる。

この機能に画像処理を組み込み，左画像上で指示した点をテンプレートとして右画像からエピポーラライン上を自動探索する半自動標定機能がある。これを使えば，サブピクセルオーダーで対応点を求めることができる。ただし模様があるところでないと確実な対応がとれない。

対象物に反射ターゲットを貼り付ける方法は，高精度かつ信頼性の高い方法である。計測には画像処理機能を組み込み，ターゲット近傍をクリックすると自動でサブピクセルオーダーにて計測する。たとえば一例として，図 4.9 に反射ターゲットとその輝度値の断面を示す。手動により反射ターゲット上の適当な位置を指示すれば，反射ターゲットの重心がモーメント法にてサブピクセル精度で計測することができる。モーメント法は，閾値 t 以上の点について式 (4.8) を施す方法である。

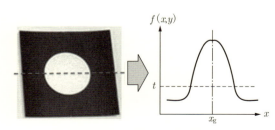

図 4.9　反射ターゲットと輝度値の断面

この方法は誰でも計測でき確実な方法であるが，対象物に円形の模様が描かれたターゲットを貼り付ける必要がある。

$$x_g = \frac{\sum(x \cdot f(x,y))}{\sum f(x,y)}$$
$$y_g = \frac{\sum(y \cdot f(x,y))}{\sum f(x,y)}$$
(4.8)

ここで，

(x_g, y_g) ：重心位置の座標

$f(x, y)$ ：(x, y) 座標の濃度値

(2) コード化ターゲットによる自動標定

コード化ターゲットを対象物に貼り付け撮影することで，ターゲットに埋め込まれているコード（番号）を画像処理により自動で読み取り標定を行う方法が開発されている。この機能により，複数画像に撮影されたターゲットの番号を自動抽出して自動対応付けを行い，高精度に重心位置を読み取る。図4.10にコード化ターゲットの一例を示す。精密工業計測用に作られているものは図 (a)，(b) の2例で[17],[18]，反射ターゲットで作成されている。カメラの絞りを絞り，フラッシュをたくことで，画像は2値化され，重心点が高精度に検出できる。図 (c) はカラーコードターゲットで，カラーの組み合わせによりコードを識別する[19]。これは，標定後にステレオマッチングを行う目的で開発されたもので，通常の撮影方法にて撮影する。これらのターゲットは数百～数千の数を識別可能である。

コード化ターゲットを利用することで，全自動で点を検出し信頼性が高くかつ高精度な標定および三次元計測が行える。しかしながらこの手法は，対象物の大きさや撮影環境条件に左右され，対象物にターゲットを貼って計測するため制約が多い。

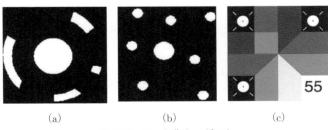

(a) (b) (c)

図4.10 コード化ターゲット

(3) 自然特徴点による自動標定

撮影した画像から全自動で三次元計測する技術は，地上写真測量，近接写真測量だけでなく，コンピュータビジョン，ロボットビジョンの分野からも研究開発が行われている。基準座標やスケールを得たいために，ほかの計測機とセンサを利用するものも多数ある。それらの概要をここで紹介する。

(a) 静止画像を利用したもの

画像を利用したアプローチの中で，**SfM**（Structure from Motion）[20)～22)]は，コンピュータビジョンを中心に発達中の技術であり，Visual SLAM と呼ばれることもある。有名なソフトとしては，Photo Tourism[23)]（オープンソースとしてBundler[24)]が配布されている），Samantha[25)] などあるが，前者は Web 上で不特定多数のユーザが公開した画像を集め，それらから三次元構造を再構築するものである。これら手法は，特徴ベースのマッチング手法である **SIFT**[26)] を利用して特徴点を抽出し，**5 点法**[27)]，**8 点法**[28)] と呼ばれる手法で標定を行う。これらは，SIFTで抽出された特徴点を RANSAC 法[29)] にて自動選択し標定を行う。そして，大誤差を持つ観測点を除去しながら Sparse Bundle Adjustment（SBA）[30)] で誤差調整を行い，三次元モデルを再構築する。

これら画像のみで処理を行う手法は，正確な形状を再現するためには，基準点やスケールの情報を手動にて加えざるを得ない[23), 31)]。しかし，標定を自然特徴点から SIFT 法にて抽出し，自動で行うことと，大量の画像から自動標定を行い SBA にて再構築することは，精度を探求し数少ない画像から三次元を再構築する写真測量のアプローチとは一線を画するものである。これら技術は自然特徴点から標定点を得ることから，1 枚 1 枚の画像から精度を確保できる保証はないが，大量の画像からベストなものを抽出するというアプローチ，発想が注目すべき点である。また類似の手法として，ランドマークデータベースを用いる手法があり，事前にランドマークを置くもの，自然特徴点をランドマークとして登録していくもののほか，データベースとして画像とレーザを併用するものもある[32)]。精度は屋外で 200 mm，屋内で 50 mm 程度と報告されている[33)]。

これらのコンピュータビジョン技術は**拡張現実**（Argumented Reality：**AR**）や**複合現実**（Mixed Reality：**MR**）に代表される三次元空間のナビゲーションや疑似体験，ビジュアライゼーションの用途には利用可能と考えられる。

写真測量手法とコンピュータビジョン手法の融合という観点では，Stamatopoulos ら[35]は,ステレオマッチングに特徴点ベースの SURF[34] を利用し,異なるクラスタリング手法を数段階にして大誤差を持つ観測点であるアウトライアを除去するターゲットを使わない方法を試みている。

Kochi ら[36]は,建築物に対象を絞り込み,エッジ情報から不確実な点を省き,自動標定を行い三次元モデルを再構築するアプローチを試みている。

共通するキーポイントは,バンドル調整に持っていくまでに,どのくらい異常点やミスマッチング点を省けるか,ということである。

(b) レーザスキャナとの併用

地上型レーザスキャナ(Terestrial Laser Scanner:**TLS**)の三次元点群を画像化したもの(レンジ画像)と,デジタルカメラの画像をマッチングさせ,カメラの内部標定要素と外部標定要素を求めテクスチャマッピングやモデル作成を行う,という試みがある[37]~[40]。マッチング手法には,スケールと回転に強い特徴抽出ベースの SIFT が利用されているが,TLS が取得したレンジ画像と大きく向きが異なるとミスマッチングが多く標定が困難である[37],[38],あるいはレーザスキャンの計測密度が低いと信頼できる標定点が自動で取得できない,といった問題があり結果として半自動またはマニュアルにて標定しているとの報告もある[39],[40]。これらアプローチは興味深いものであるが,現状この手法で得られる精度は数画素程度で,モデリングや計測に利用できる精度には達していないが,テクスチャマッピングには利用できると報告されている[37]。

これらアプローチに対し,Kochi らはレーザスキャナからの点群モデルと写真測量から作成された画像モデルを,両者から抽出した 3D エッジにて統合するというアプローチを試み,機器分解能程度の精度を得ている[36]。この手法の利点は,モデルを各種法で作成しておいて統合するため,各モデルの精度が損なわれない点である。

(c) 動画像,センサを利用したもの

SLAM(Simultaneous Localization and Mapping)とは,自己位置推定と環境地図作成を同時に行うことをいう。SLAM と SfM はほとんど同義であるが,SLAM は主にロボットビジョンとして研究され動画像を用いており実時間性が高い。ロボットや移動体を意識したものは,画像だけでなく車輪からの回転情報や GNSS/IMU,レーザなどの情報を利用し,自分の位置を自動抽出すると同時に環境の三次元マッピングも行おうというものである。コンピュータビジョンの分野では,既知の三次元特徴点からカメラの位置,姿勢を求める問題を PnP(Perspective-n-Point)問題

と呼び，先に解説した SfM も含め種々の改良が行われている[41]。これらセンサの使い方も様々であるが，画像単独や，画像と GNSS/IMU などを利用してカメラの位置姿勢を求め，かつカメラやレーザから得られる三次元情報の位置合わせを三次元空間上で行おうとするもの，三次元と二次元空間を利用しようとするものなどが提案されている[42]。三次元空間で行うものは，点群同士の位置合せとして ICP (Iterative Closest Point) 法[43]を利用する。また後者は，三次元空間上の点を二次元空間上に再投影しマッチングしてカメラの移動量を求めるものである。これらは，計算コストの問題から，バンドル調整を全体で行うのではなく，**局所的バンドル調整**（Local Bundle Adjustment）と呼び，最新の少数フレームのみで行うものやキーフレーム

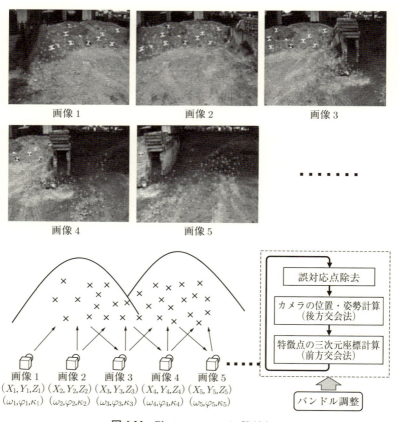

図 4.11　Photogrammetric SLAM

を設定し行っていくものといった，種々の改良が加えられている[44)～49)]。

　これら手法は，モバイルマッピングに代表される写真測量からのアプローチもあるが，原理的には前方交会法，後方交会法を順次行い，バンドル調整を織り交ぜながらカメラの位置姿勢と環境の三次元情報を同時に求めていることと等価である（図 4.11）。

4.4　今後の展開

　地上写真測量における技術的な発展，展開は，コンピュータビジョンやロボットビジョンの分野とは精度の差があるものの無視できず，むしろ考え方や手法を積極的に取り入れるべきであると考えられる。とくに地上写真測量としてモバイルマッピングやインドアマッピング，そして空からの無人航空機（Unmaned Air Vehicle：UAV）における計測も，標定とバンドル調整の自動化とは切り離して論ずることのできないものである。たとえば，筆者らは，動画像トラッキングによる標定の自動化[47), 48)]，センサと画像の融合による自動化[49)]，UAV における静止画と動画による自動化[50)]，コード化ターゲットによるインドアマッピングの自動化[51)]，エッジ抽出による自動標定とレーザ計測によるモデルの融合[36)]など，対象物により様々な方法を模索提案している。これら標定の自動化は，これらの例からも手法は様々であるが，今後のマーケット展開からその技術は大きな存在となり得る。すなわち標定やバンドル調整を核としたこれら自動化技術は，本章で述べてきた地上写真測量だけでなく，空からの航空測量，地上からのレーザ測量，モバイルマッピング，インドアマッピング，そして近接写真測量として中型〜小型物の三次元計測までを含み，三次元空間すべてを統合すべく動いており，これら技術の発展は分野を問わず必須である。そして，標定＋バンドル調整の問題は，コンピュータビジョンやロボットビジョンにおける認識の自動化というテーマと関連して様々な観点から勢力的に研究がなされ，地上写真測量としての課題が克服できる日も遠くないかもしれない。

　しかしながら，それら技術を精度という観点から見たとき，現状はまだ物足りなく利用しきれないものであることは否定のできない事実で，これらを写真測量の見地から改良修正を加え，さらに積極的にフリーネットワーク[52)]などの技術を取り入れ，計測の安定化，高精度化，自動化を行い進展させていくことが，これら分野の写真測量技術の将来として期待される。

参考文献

1) 日本写真測量学会編 (1997)：解析写真測量改訂版.
2) 松岡龍治 (2011)：ステレオ写真測量による3次元計測の期待精度, 写真測量とリモートセンシング, Vol. 50, No.5, pp.302-307.
3) Shafer, H., Murai, S. (1988): Automated Target Detection for Real-Time Camera Calibration. Proceeding of 9th Asian Conference on Remote Sensing, pp.H.2-4-1-H.2-4-8.
4) 服部進 (2007)：ステレオ計測の前処理のための偏位修正処理, 福山大学工学部紀要　第31巻, pp.175-178.
5) Grun, A. (1985): Adaptive Least-squares correlation: a powerful image matching technique, South Africa Journal of Photogrammetry, Remote Sensing and Cartography, 14(3), pp.175-187
6) Shenk, T. (1999): Digital Photogrammetry Vol. 1, Terra Science, pp.237-263.
7) Kochi, N., Watanabe, H., Ito, T., Otani, H., and Yamada, M. (2004): 3 Dimensional Measurement Modeling System with Digital Camera on PC and its Application Examples, International (SPIE) Conference on Advanced Optical Diagnostics in Fluids, Solids and Combustion.
8) 高地伸夫, 伊藤忠之, 北村和男, 金子俊一 (2012)：デジタルカメラを用いた三次元計測システムおよびステレオマッチング法の開発と実応用例としての遺跡計測, 電学論C, Vol. 132, No. 3 pp.391-400.
9) Aurenhammer, F. (1991): A Survey of a Fundamental Geometric Data Stracture, ACM Computing Surveys, Vol. 23, No. 3, pp.345-405.
10) Brown, D.C. (1971): Close-range camera calibration, Photogrammetric Engineering, 37(8), pp. 855-866.
11) Wong, K. W.: American Society of Photogrammetry and Remote Sensing (1980): Manual of Photogrammetry and Remote Sensing, The Forth Edition, pp.88-101.
12) Noma, T., Otani, H., Ito, T., Yamada, M. and Kochi, N. (2002): New system of digital camera calibration. Int. Arch.Photogramm., Remote Sens. & Spatial Inform. Sc., Vol. 34, Part 5 : pp. 54-59.
13) Fraser, C.S. & Al-Ajlouni, S. (2006): Zoom-dependent camera calibration in close-range photogrammetry. Photogrammetric Engineering & Remote Sensing, 72(9), pp. 1017-1026.
14) 野間孝幸, 伊藤忠之, 大谷仁志, 山田光晴, 高地伸夫 (2003)：カメラキャリブレーションソフトの開発とズームレンズ対応について, 第9回画像センシングシンポジウム, 講演論文集, pp.35-40.
15) Fraser, C. S., Cronk, S., Stamatopoulos, S. (2012): Implememtation of zoom-dependent camera calibration in close-range photogrammetry, ISPRS Volume XXXIX-B5, XXII ISPRS Congress, pp.15-19.
16) 柳秀治, 近津博文 (2010)：民生用デジタルカメラのズームレンズキャリブレーション手法に関する研究, 写真測量とリモートセンシング, Vol. 48, No. 6, pp.400-408.
17) Heuvel, F.A., Kroon, R.J.G., and Poole, R.S. (1992): Digital close-range photogrammetry using artificial targets, IAPRS, Vol. 29, No. B5, Washington D.C., pp.222-229.
18) Ganci, G. and Handley, H. (1998): Automation in videogrammetry, ISPRS, Hakodate, XXXII-5, pp.47-52.
19) 森山拓哉, 高地伸夫, 山田光晴, 深谷暢之, 村井俊二 (2010)：カラーコードターゲットによる自動識別方法の開発, 写真測量とリモートセンシング, Vol. 49, No. 1, pp.10-20.

20) Beardsley, P., Zisserman, A., and Murray, D. (1997) : Sequential Updating of Projective and Affine Structure from Motion, Int. J. of Computer Vision, Vol. 23, No. 3, pp.235-259.
21) Tomasi, C., and Kanade, T. (1992) : Shape and Motion from Image Streams under Orthography: A Factorization Method, Int. J. of Computer Vision, Vol. 9, No. 2, pp.137-154.
22) Pollefeys, M., Koch, R., Vergauwen, M., Deknuydt, A. and Gool,L.J.V. (2000) : Three-dimentional Scene Reconstruction from Images, Proc. SPIE, Vol. 3958, pp.215-226.
23) Snavely N., Seitz, S., Szeliski, R. (2006) : Photo tourism : Exploring photo collections in 3D, ACM Transaction on Graphics, Siggraph, 25(3), pp.835-846.
24) http://phototour.cs.washington.edu/bundler/
25) Farenzena, M., Fusiello, A., and Gherardi, R. (2009) : Structure-and-motion pipeline on a hierarchical cluster tree, IEEE 12th International Conference on Computer Vision Workshops, pp.1489-1496.
26) Lowe, D. (2004) : Distinctive image features from scaleinvariant keypoints, Int'l. J. Computer Vision, 60, 2, pp. 91-110.
27) Nister, D. (2004) : An efficient solution to the five-point relative pose problem, PAMI, 26(6), pp.756-770.
28) Hartley, R., and Zisserman, A. (2004) : Multiple View Geometry in Computer Vision, Cambridge University Press, Cambridge, U.K.
29) Fischler, M. A., and R. Bolles, R.C. (1987) : Random sample consensus : a paradigm for model fitting with application to image analysis and automated cartography, Readings in computer vision : issues, problems, promciples, and paradigms, pp.726-740.
30) Lourakis, A., and Argyros, A. (2004) : The design and implementation of a generic sparse bundle adjustment software package based on the levenberg-marquardt algorithm, ICS/FORTH, Technical Report #340.
31) Barazzeti, L., Remondino, F., and Scaioni, M. (2010) : Automation in 3D reconstruction: Results on different kinds of close-range blocks, The ISPRS Vol. XXXVIII, Part 5, Commission V Symposium, pp.55-61.
32) 武富貴史, 佐藤智和, 横矢直和(2009) : 拡張現実感のための優先度情報を付加した自然特徴点ランドマークデータベースを用いた実時間カメラ位置・姿勢推定, 電子情報通信学会論文誌, Vol. J92-D, No. 8, pp.1440-1451.
33) 大江統子, 佐藤智和, 横矢直和(2005) : 幾何学的位置合わせのための自然特徴点ランドマークデータベースを用いたカメラ位置・姿勢推定, 日本バーチャルリアリティ学会論文誌, Vol. 10, No. 3, pp.285-294.
34) Bay, H., Ess, A., Tuytelaars, T., and Gool, L. (2008) : Supeeded-up robust features (SURF), Computer Vision and Image Understanding, 110, pp.346-359.
35) Stamatopoulos, C., Chuang, T.Y., Fraser, C.S., and Lu, Y.Y. (2012) : Fully automated image orientation in the absence of targets, ISPRS Volume XXXIX-B5, XXII ISPRS Congress, pp.303-308.
36) Kochi, N., Kitamura, K., Sasaki, T., Kaneko, S. (2012) : 3D Modeling of Architecture by Edge-Matching and Integrating the Point Clouds of Laser Scanner and Those of Digital Camera, ISPRS Vol. XXXIX-B5,V/4, Melbourne, pp.279-284.
37) Meirerhold, N., Spehr, M., Schilling, A., Gumhold, S., Maas, H-G. (2010) : Automatic feature matching between Digital Images and 2D representation of a 3D Laser scanner point cloud, ISPRS Vol. XXXVIII, Part 5, Commission V Symposium, pp.446-451.

38) Becker, S., and Haala, N. (2007)：Combined feature extraction for façade reconstruction, The International Archives of the Photogrammetry, Remote Sensing and Spatial Information Sciences Workshop on Laser Scanning and CivLaser, pp.44-49.
39) Meirerhold, N. and Schmich, A. (2009)：Referencing of Images to Laser Scanner data using linear feature extracted from digital images and range images, IAPRS, Vol. XXXVIII, Part 3/W8, Laser scanning, pp.164-170.
40) Alshawabkeh, Y., and Haala, N. (2004)：Integration of digital photogrammetry and laser scanning for heritage documentation, The International Archives of the Photogrammetry, Remote Sensing and Spatial Information Sciences.
41) 佐藤智和, 池田聖, 横矢直和 (2005)：複数動画像からの全方位型マルチカメラシステムの位置・姿勢パラメータの推定, 電子情報通信学会論文誌, D-II, 情報・システム, II-パターン処理 J88-D-II(2), pp.347-357.
42) 友納正裕 (2009)：エッジ点ICPと失敗復帰機能によるロバストなステレオSLAM, 第14回ロボティクスシンポジア予稿集, pp.217-222.
43) Besl, P.J., and Mckay, N.D. (1992)：A method for registration of 3-D shapes, IEEE Transaction on Pattern Analysis and Machine Intelligence, Vol. 14, No. 2, pp.239-256.
44) Mouragnon, E., Lhuillier, M., Dhome, M., Dekeyser, F., and Sayd, P. (2006)：Real time localization and 3d reconstruction. In CVPR'06.
45) Eudes, A., and Lhuillier, M. (2009)：Error propagations for local bundle adjustment, In CVPR'09.
46) Mouragnon, E., Lhuillier, M., Dhome, M., Dekeyser, F., and Sayd, P. (2009)：Generic and real time structure from motion using local bundle adjustment, Image and Vison Computing, Volume 27, Issu 8, pp.1178-1193.
47) Anai, T., Kochi, N., H.Otani, H. (2007)：Exterior orientation method for video image sequences using robust bundle adjustment, 8th Conference on Optical 3-D Measurement Techniques, ETH Zurich, Switzerland, Vol. 1, pp141-148.
48) Fukaya, N., Anai, T., Sato, H., Kochi, N., Yamada, M., Otani, H. (2008)：Application of Robust Regression for Exterior Orientation of Video Images, ISPRS, Beijing, XXIth Congress, WG III/V, pp.633-638.
49) Anai, T., Fukaya, N., Sato, T., Yokoya, N., Kochi, N. (2009)：Exterior Orientation Method for Video Image Sequences with Considering RTK-GPS Accuracy, 9th Conference on Optical 3-D Measurement Techniques, Vol. 1, pp.231-240.
50) Anai, T., Sasaki, T., Osaragi, K., Yamada, M., Otomo, F., Otani, H. (2012)：Automatic Exterior Orientation Procedure for Low-Cost UAV Photogrammetry using Video Image Tracking Technique and GPS Information, ISPRS, Vol. XXIX-B7, V/I, pp.469-474.
51) Hirose, S. (2012)：Simple Room Shape Modeling with Sparse 3D Point Information using Photogrammetry and Application Software, ISPRS, XXXIX-B5, pp.267-272.
52) 秋元圭一 (2002)：情報化施工のためのデジタル画像計測法に関する研究, 京都大学工学研究科学位論文.
53) Kim, D., Shin, H., Oh, J. & Sohn, K., (2010)：Automatic radial distortion correction in zoom lens video cameras. Journal of Electronic Imaging, 19(4), 043010, pp.1-7.
54) Ullah, F., Kaneko, S., and Igarashi, S. (2001)：Orientation code matching for robust object search, IEICE Trans. of Inf. & Sys, E84-D(8), pp.999-1006.

第5章

フリーネットワークのバンドル調整への適用

写真測量分野においてフリーネットワークは1960年代から研究が始まり，いまや近接写真測量ではなくてはならない技術となっている．本章ではフリーネットワーク（free-network）を適用したバンドル調整について解説する．

5.1 フリーネットワーク概要

5.1.1 フリーネットワークとは

フリーネットワークを数式の解法という側面から見ると，正則化されていない（ランク落ちして逆行列が得られない）係数行列または正規行列を持つ方程式に対し，ランク落ちを解消して何らかの解を得る方法だといえる．いわゆる逆問題を解くためのテクニックであり，その意味では参考書は多数[5]~[7]ある．写真測量においては，基準点を用いずに調整計算を行う方法として用いられる．絶対位置を求める必要がなく，形状や大きさの計測だけが目的となる工業計測においてはとりわけ重要である．

一方，後述するネットワークデザイン[8]~[11]の観点からいえば，フリーネットワークとはdatum（基準点や基準面など座標系の決定に寄与するデータ系：本章では基準系と訳す）を設定する問題であり，基準点座標あるいはその他の直接観測値で拘束しないという意味で自由なネットワークのまま調整計算する方法であり，それがフリーネットワークという名前の由来である．フリーネットワークの概念は，測地学の分野においてMeissl[12],[13]によって発案された．長期的に見て地上のあらゆる点が変動する中にあって動的な地形の変化を捉える際に，固定された基準系を用いると，たとえばその基準系を規定するために用いた基準点の変動を捉えられなくなるという問題があった．そこで基準系を固定せずに調整計算する方法として

提唱されたのである[14]。これと同様な問題は，写真測量においても見られる。大きな誤差を持った基準点を用いて調整計算すると，その基準点に引っ張られてモデル空間が歪むことがある[15], [16]。しかし，基準点は基準座標系を規定する要素であるから，誤差解析をしても異常値を持つ基準点の誤差は必ずしも大きく現れず，異常に気付かない場合がある。また，基準点に近い計測ほど精度が高くなる傾向があり，基準点から離れた計測点に大きな歪みが発生してしまう。

フリーネットワークの発明以前は，この問題を重み行列によって制御してきた。しかし観測値の事前精度は実際には不明であり，不適切な重み配分は精度の低下や解の発散となって現れる恐れがある。このような背景から，フリーネットワークは写真測量分野にもすぐに適用され多くの研究がなされてきた[17]〜[24]。

5.1.2 写真測量分野でのフリーネットワークの研究

写真測量分野へのフリーネットワークの適用は，フリーネットワークを考案したMeissl 自身が言及しており[13]，1970〜80年代に多くの研究がなされた。解法としては擬似逆行列を用いる方法[21]もあるが，より効率良く計算できる内的拘束式を用いる方法（内的拘束法：inner constraints）が一般的であり，当時から内的拘束法を用いた解法や実験例が多数報告されている[25]。1990年以降は DLT 法のような一般化された式への適用[26], [27]，人工衛星画像への適用[28], [38]，正射投影モデルへの適用[30]などの研究がなされている。近年ではフリーネットワークはすでによく知られた技術となり，よく利用されている。

5.1.3 フリーネットワークをより深く学ぶための資料

本章ではフリーネットワークの原理の概略について解説するが，より深く学ぶためにはやや高度な数学的知識が必要となる。本章でも一般逆行列を用いて解説するが，その本質的な意味については柳井・竹内 著『射影行列・一般逆行列・特異値分解』[30]などで学ぶことができる。また中根の著書[31]は測量データを用いて簡便に解説しているため分かりやすい。また，フリーネットワークを用いたバンドル調整の原理と解法について懇切丁寧に解説した文献として，秋本の博士論文[32]がある。ただしこれは入手しにくいので，それをコンパクトにまとめた文献として服部・秋本の技術資料[1]〜[3]を参照するとよい。

英文で書かれた文献としては，測地学の文献であるが Grafarend ら[33]の書

籍が基礎的なことがしっかり書かれている．写真測量に適用したものとしては，Marshall の書籍[16] が分かりやすい．レビュー文献としては Dermanis[29] のものがよくまとまっている．入手しやすい書籍として"Manual of Photogrammetry"[4] や"Close Range Photogrammetry"[11] にも記載されてる．

5.2　ネットワークデザイン

5.2.1　ネットワークデザインとは

　計測対象を高精度に計測するためには，どのような撮影機材をどのように配置し，どれだけの計測点や基準点を用意し，どう解いて誤差解析するか考える必要がある．それらは観測網をどう設計するかという問題であり，ネットワークデザインと呼ばれる．

　ネットワークデザインは次のものに分類される．

ZOD：	ゼロオーダーデザイン	最適な基準系を設定する問題
FOD：	ファーストオーダーデザイン	観測網の配置や観測数を設定する問題
SOD：	セカンドオーダーデザイン	調整計算時の重みを設定する問題
THOD：	サードオーダーデザイン	既存の観測網に新たな観測を付加して観測網を最適に改善する問題

　すでに述べたようにフリーネットワークは基準系を設定する問題であるから ZOD に属する．ただし，基準点を用意するのかしないのか，用意できる場合は何点どのように配置するのか，というのは FOD の問題だが基準系にも関係する問題であるし，それらの重みをどうするかは SOD の問題であるがやはり基準系に影響を与える．つまり，これら 4 クラスの問題は完全に独立に考えることができるわけではない．とくに FOD で問題とする観測網の強さの評価は，解の分散共分散行列をもとに計算されるが，5.2.2 項で述べるように分散共分散行列の設定は ZOD の問題であり，ZOD の理解なくして FOD の問題に取り組むことはできない．

5.2.2　ZOD と基準系

　最小二乗法は観測値の残差が最小になるよう調整する方法であって，解くべき未知量の精度は結果として算出されるものである．しかし，正則化されていない正規行列を持つ場合，解だけでなく精度を示す分散共分散行列も不定である．残差ベク

トルを v，未知量の補正量ベクトルを x，線形化された式の係数行列を A とし，残存量ベクトルを e として，

$$\mathbf{v} + \mathbf{A}\mathbf{x} = \mathbf{e} \tag{5.1}$$

と表される観測方程式に対し，解の分散共分散行列 $\mathbf{Q}_x$ は，重み行列を $\mathbf{W}$，単位重さの分散推定量を σ_0 として次式のように一般逆行列を用いて表される．

$$\mathbf{Q}_x = \sigma_0^2 \left(\mathbf{A}^T \mathbf{W} \mathbf{A} \right)^- \tag{5.2}$$

最小二乗解が次式のように表されると考えると，

$$\hat{\mathbf{x}} = \left(\mathbf{A}^T \mathbf{W} \mathbf{A} \right)^- \mathbf{A}^T \mathbf{W} \mathbf{e} = \frac{1}{\sigma_0^2} \mathbf{Q}_x \mathbf{A}^T \mathbf{W} \mathbf{e} \tag{5.3}$$

基準系を選択して一意の解 $\hat{\mathbf{x}}$ を得るということは，すなわち一意の分散共分散行列 $\mathbf{Q}_x$ を設定する問題と言い換えることができる．つまり，解くべき未知量に対する誤差の配分を設定する問題なのである．

具体例として，ステレオ写真の標定計算を行う問題について図 5.1 を用いて解説する．基準点を用いずに標定計算を行おうとすると，回転と平行移動，縮尺の 7 つ

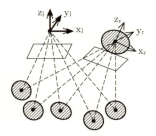

(a) 左写真の写真座標系を基準

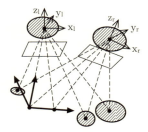

(b) 3 点の対象点を基準

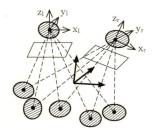

(c) 全体の平均分散を最小化

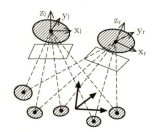

(d) 計測対象の平均分散を最小化

図 5.1 基準系の設定と未知量の誤差楕円

分のランク落ちが発生する。その際にいくつかの拘束条件を与えて解を得ることにする。

そのパターンを図5.1に4つ示す。図中において太い矢印線で示しているのが，それぞれの基準系によって設定された座標軸であり，ハッチングが入った楕円が各計測点あるいは写真の投影中心点の誤差楕円である。各写真については回転角も含めて誤差が表現されているものとし，内部標定はここでは考えないものとする。

図(a)は左写真の写真座標系を基準として相互標定を行った場合に相当する。したがって正確には，左写真の外部標定要素のほかに右写真との基線長を与え，合計7つの要素を固定する。このとき，これらの要素については誤差が評価されない。図(b)は3点の基準点(うち1点は水準点)を与えてバンドル調整した場合に相当する。基準点から離れるほど誤差が大きくなる。図(c)と(d)がフリーネットワークを用いて調整したもので，図(c)は左右写真の標定要素を含めて平均分散を最小化したものであり，図(d)は対象空間座標の平均分散を最小化したものである。

いずれの方法においても，残差最小化の条件で解いているわけであるから，解が収束し局所解に陥らない限りは残差のRMSすなわちσ_0は同一であり，得られる解も基準系のみが異なるだけでほかは同一である。したがって十分強い観測ネットワークであれば，どの基準系を選んでも原理的に対象空間は相似となる。そのため，得られた対象空間はヘルマート変換(相似変換)によって相互に変換可能である。

ただし，得られた対象空間が実対象空間と相似であるかどうかは別問題であり，保証の限りではない。またモデル不適合や悪条件により解の相似性が失われる可能性があることにも注意が必要である。

5.3 擬似逆行列とフリーネットワーク

5.3.1 正則化

次のような線形方程式を考えたとき，

$$\mathbf{y} = \mathbf{A}\mathbf{x} \tag{5.4}$$

行列$\mathbf{A}$(m行×n列)を列ベクトルに分解して，

$$\mathbf{A} = (\mathbf{a}_1, \mathbf{a}_2, \cdots, \mathbf{a}_n) \tag{5.5}$$

のように表現すると，$\mathbf{x} = (x_1, x_2, \cdots, x_n)$を係数として，

$$\mathbf{y} = x_1\mathbf{a}_1 + x_2\mathbf{a}_2 + \cdots + x_n\mathbf{a}_n \tag{5.6}$$

と表すことができる。この方程式の解を解くということは，与えられたベクトル $\mathbf{y}$ をベクトル $\mathbf{a}_i$ $(i = 1, 2, \cdots, n)$ で分解したときの係数 x_i $(i = 1, 2, \cdots, n)$ を定めることにほかならない。

ここに2つの問題がある。第一の問題は，ベクトル $\mathbf{y}$ がベクトル $\mathbf{a}_i$ の組合せによって表現できるのか，という問題である。たとえば，$\mathbf{y} = (1, 2, 3)$ であったときに，$\mathbf{a}_1 = (1, 0, 0)$，$\mathbf{a}_2 = (0, 1, 0)$ の2つのベクトルではどう組み合わせても，$\mathbf{y}$ を表現することができない。この場合は解を得ることができない。

第二の問題は $\mathbf{a}_i$ がお互いに独立かどうか，という問題である。たとえば，$\mathbf{a}_1 = (1, 0, 0)$，$\mathbf{a}_2 = (0, 1, 0)$，$\mathbf{a}_3 = (0, 0, 1)$，$\mathbf{a}_4 = (1, 1, 1)$ であったとき，$\mathbf{a}_4$ は $\mathbf{a}_1$，$\mathbf{a}_2$，$\mathbf{a}_3$ の組合せで表現できることから，お互いに独立ではない。実際，$\mathbf{y} = \mathbf{a}_1 + 2\mathbf{a}_2 + 3\mathbf{a}_3 + 0\mathbf{a}_4$ でも $\mathbf{y} = 0\mathbf{a}_1 + \mathbf{a}_2 + 2\mathbf{a}_3 + \mathbf{a}_4$ でも表現できる。表現可能な係数ベクトル $\mathbf{x}_i$ の組合せは無数にある。そのため一意な解を得ることができないのである。

第一の問題はモデル不適合，あるいは観測網の不適合（FODの問題）といえるのでここでは扱わない。第二の問題は基準系の問題である。

ともかく一意の解を得たいのであれば，$\mathbf{y} = (1, 2, 3, 0)$，$\mathbf{a}_1 = (1, 0, 0, 0)$，$\mathbf{a}_2 = (0, 1, 0, 0)$，$\mathbf{a}_3 = (0, 0, 1, 0)$，$\mathbf{a}_4 = (1, 1, 1, 1)$ と拡張してみたらどうだろうか。これなら，$\mathbf{y} = \mathbf{a}_1 + 2\mathbf{a}_2 + 3\mathbf{a}_3 + 0\mathbf{a}_4$ と一意に定まる。これは $\mathbf{G}^T = (0, 0, 0, 1)$ なる拘束行列を設定して，

$$\begin{bmatrix} \mathbf{y} \\ 0 \end{bmatrix} = \begin{bmatrix} \mathbf{A} \\ \mathbf{G}^T \end{bmatrix} \mathbf{x} \tag{5.7}$$

のように拘束条件式を加えたのと同等である。

ここで注意しなければならないのは，$\mathbf{G}$ は何でもよいのではなくて行列 $\mathbf{A}$ を構成する列ベクトル $\mathbf{a}_i$ に新たな次元を加えるようなものでなければならない。たとえば，$\mathbf{G}^T = (0, 0, 0, 0)$ では何の拘束にもならないことは明らかだし，$\mathbf{G}^T = (1, 1, 1, 3)$ でもいけない。なぜ $\mathbf{G}^T = (1, 1, 1, 3)$ では拘束にならないのかというと，$\mathbf{A}$ の行ベクトル $(1, 0, 0, 1)$，$(0, 1, 0, 1)$，$(0, 0, 1, 1)$ を合成して作ったものだからである。つまり，$\mathbf{G}^T$ は $\mathbf{A}^T$ に対して独立したものでなければならない。

このように，何らかの拘束条件を与えて正則でない（ランク落ちした）行列を正則行列にすることを正則化と呼ぶ。正則化により一意の解が得られる。

とはいえ，一意の解が得られればよいというものではない。バンドル調整におい

て求めるのは最小二乗解であり，なおかつ精度の高い解である。そのような解を得るためにはどのような拘束条件をどのような形で与えるべきだろうか。

5.3.2 擬似逆行列

5.3.1項では拘束条件式を付加して正則化する方法を示したが，正則化には様々な方法がある。その1つが一般逆行列を用いる方法である。その中でも擬似逆行列（pseudo inverse）がよく用いられる。擬似逆行列はムーアペンローズ逆行列とも呼ばれる。一般逆行列が $\mathbf{A}^-$ のように表記されるのに対し，擬似逆行列は $\mathbf{A}^+$ のように表記される。擬似逆行列は一般逆行列のうち次のような条件をすべて満たす特殊ケースである。

1. $\mathbf{AA}^-\mathbf{A} = \mathbf{A}$ ：一般逆行列
2. $\mathbf{A}^-\mathbf{AA}^- = \mathbf{A}^-$ ：反射型一般逆行列
3. $\left(\mathbf{AA}^-\right)^T = \mathbf{AA}^-$ ：最小二乗型一般逆行列
4. $\left(\mathbf{A}^-\mathbf{A}\right)^T = \mathbf{A}^-\mathbf{A}$ ：最小ノルム型一般逆行列

擬似逆行列の性質の中でとくに重要なのは，
1. 最小二乗解（$\mathbf{v}^T\mathbf{W}\mathbf{v} =$ 最小）を与える
2. 解のノルムを最小化する（$\mathbf{x}^T\mathbf{x} =$ 最小）

という2点である。非線形最小二乗法においては線形化された未知量は補正量であり，補正量は最小化されるべきものであるから，この2つの条件はバンドル調整の解を得るにあたり理想的な条件である。しかも，擬似逆行列を用いれば，直接最小二乗解を得ることができる。すなわち，

$$\mathbf{x} = \mathbf{A}^+\mathbf{e} \tag{5.8}$$

とすれば最小二乗解が得られる。MATLABのようなシステムでは，pinv($\mathbf{A}$)とするだけで擬似逆行列が得られるので，実に簡単にフリーネット解を得ることができる。

5.3.3 擬似逆行列を用いた解法の問題点

簡単に解けるとはいえ，多くのシステムでは擬似逆行列は特異値分解によって計算されており，特異値分解のパフォーマンスを配慮する必要がある。バンドル調整

では未知量の数も多いが観測数はさらに多い。つまり，係数行列 $\mathbf{A}$ は縦長（m 行 × n 列として $m > n$）になる。特異値分解の詳細は省くが，分解されて得られる行列の1つは $m \times m$ となりとても大きな行列を扱うことになり，観測数が多いと効率的とはいえない。

係数行列を直接解くのではなく，正規方程式を作って解けば $n \times n$ 行列を扱うことになるので，ずいぶん速くなる。とはいえ，5.4節に述べる内的拘束法と比べるとパフォーマンスが悪い。

また，擬似逆行列を用いる方法にはもう1つの問題がある。多くの場合，バンドル調整により最終的に求めたいのは対象空間座標であって，内部標定要素や外部標定要素ではない。その場合，図5.1(d)に相当する基準系を得ることが望ましい。ところが，擬似逆行列により解を得ると，基準系として未知量全体の最小ノルム解が設定される（図5.1(c)に相当）のである。

5.4 内的拘束法

5.4.1 最小ノルム解を与える拘束条件

擬似逆行列は解法としては最適とはいえないが，最適な拘束条件を与える方法を考えるにあたって良いヒントを与えてくれる。つまり，解のノルムが最小となるような $\mathbf{G}^T$ を見つければよいのである。

さて，$\mathbf{y} = \mathbf{A}\mathbf{x}$ が線形独立でないということは，

$$\mathbf{A}\mathbf{x} = \mathbf{0} \tag{5.9}$$

なる $\mathbf{x}$ が存在するということである。このような $\mathbf{x}$ からなる空間を $\mathbf{A}$ の零空間（カーネル）と呼び $N(\mathbf{A})$ と表す。$N(\mathbf{A})$ の基底ベクトルの1つをここでは $\mathbf{g}$ としよう。

$$\mathbf{A}\mathbf{g} = \mathbf{0} \tag{5.9}'$$

なので，

$$\mathbf{y} = \mathbf{A}\mathbf{x} = \mathbf{A}\mathbf{x}_O + k\mathbf{A}\mathbf{g} \tag{5.10}$$

と書くことができる。$\mathbf{x}_O$ は $\mathbf{x}$ の特殊解の1つであり，k は任意の値をとる係数である。k の値が自由であるため，$\mathbf{x}$ は一意に決まらない。

図5.2にこの関係を概念的に表した図を示す。分かりやすいよう行列 $\mathbf{A}$ による変換を $\mathbf{y}$ への投影という形で表すと，$N(\mathbf{A})$ の基底ベクトル $\mathbf{g}$ は投影方向に沿ったベクトルとなる。

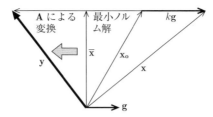

図 5.2　最小ノルム解 $\bar{\mathbf{x}}$ と $\mathbf{A}$ の零空間の基底ベクトル $\mathbf{g}$

図 5.2 から明らかなように，最小ノルム解となる $\mathbf{x}$（図 5.2 では $\bar{\mathbf{x}}$ と表記）は $\mathbf{g}$ に直交するものである．すなわち，

$$\mathbf{g}^T \mathbf{x} = \mathbf{0} \tag{5.11}$$

のときである．よって，この式 (5.11) を拘束条件として与えればよい．

N($\mathbf{A}$) の独立な基底ベクトルは行列 $\mathbf{A}$ のランク落ち分（d）だけ存在する．それらを $\mathbf{g}_i$（$i = 1, 2, \cdots, d$）としたとき，それをまとめた行列 $\mathbf{G} = (\mathbf{g}_1, \mathbf{g}_2, \cdots, \mathbf{g}_d)$ を作り，

$$\mathbf{G}^T \mathbf{x} = \mathbf{0} \tag{5.12}$$

なる拘束条件を付けたうえで，最小二乗法で解けばよい．この式 (5.12) が最小ノルム解を与える内的拘束式となる．

5.4.2　対象空間座標の分散を最小とする拘束条件

セルフキャリブレーションつきのバンドル調整では，変数は外部標定要素，内部標定要素，対象空間座標から構成される．それらの変数をここではそれぞれ $\mathbf{x}_1$, $\mathbf{x}_2$, $\mathbf{x}_3$ と表記しよう．さらに，それらの各要素に対応して，

$$\mathbf{G} = \begin{bmatrix} \mathbf{G}_1 \\ \mathbf{G}_2 \\ \mathbf{G}_3 \end{bmatrix} \tag{5.13}$$

のように分解する．このとき対象空間座標の分散を最小とする拘束条件は，

$$\mathbf{G}_3^T \mathbf{x}_3 = \mathbf{0} \tag{5.14}$$

である．調整計算のため観測式と同じ形にするなら，

$$\begin{bmatrix} \mathbf{0} & \mathbf{0} & \mathbf{G}_3^T \end{bmatrix} \mathbf{x} = \mathbf{0} \tag{5.15}$$

となる．このように，分散を最小化したい未知量を選択して拘束条件を与えることができる．

5.4.3 内的拘束を与える行列 G の構成

式 (5.9)′ より，$N(A)$ の基底ベクトルからなる行列 G は行列 A に対して次式のような関係を持つことが分かる。

$$AG = 0 \tag{5.16}$$

式 (5.16) を満たしつつ，G の行ベクトル g_i がお互いに独立であるようなものを選んだらよい。よく用いられるのは，

$$G^T G = \Lambda \tag{5.17}$$

である。ここに，Λ は g_i のノルムを対角成分とする対角行列である。すなわち，g_i がお互いに直交するように選んだ行列である。G を 5.4.2 項のように外部標定要素，内部標定要素，対象空間座標に対応するブロック G_1, G_2, G_3 に分けて表現すると，G_1 については次式のようなものが考えられる。

$$G_1^T = \begin{bmatrix} \cdots & 1 & 0 & 0 & 0 & 0 & 0 & \cdots \\ \cdots & 0 & 1 & 0 & 0 & 0 & 0 & \cdots \\ \cdots & 0 & 0 & 1 & 0 & 0 & 0 & \cdots \\ \cdots & 0 & -Z_{Oj} & Y_{Oj} & 0 & 1 & 0 & \cdots \\ \cdots & Z_{Oj} & 0 & -X_{Oj} & 1 & 0 & 0 & \cdots \\ \cdots & -Y_{Oj} & X_{Oj} & 0 & 0 & 0 & 1 & \cdots \\ \cdots & X_{Oj} & Y_{Oj} & Z_{Oj} & 0 & 0 & 0 & \cdots \end{bmatrix} \tag{5.18}$$

ここで，

X_{Oj}, Y_{Oj}, Z_{Oj}（$j = 1, 2, \cdots, t : t$ は写真枚数）は j 番目の写真の投影中心座標の初期値である。

一般にランク落ちは外部標定要素と対象空間座標において発生するため，内部標定要素分については，

$$G_2^T = 0 \tag{5.19}$$

とする。対象空間座標に対応するのは，

$$\mathbf{G}_3^T = \begin{bmatrix} \cdots & 1 & 0 & 0 & \cdots \\ \cdots & 0 & 1 & 0 & \cdots \\ \cdots & 0 & 0 & 1 & \cdots \\ \cdots & 0 & -Z_i & Y_i & \cdots \\ \cdots & Z_i & 0 & -X_i & \cdots \\ \cdots & -Y_i & X_i & 0 & \cdots \\ \cdots & X_i & Y_i & Z_i & \cdots \end{bmatrix} \tag{5.20}$$

である。ここで，

X_i, Y_i, Z_i ($i = 1, 2, \cdots, u : u$ は計測対象点数) は i 番目の対象点の空間座標の初期値である。

行列 $\mathbf{G}$ は行列 $\mathbf{A}$ によって規定されるが，一意に決定されるものではないため，文献によって形は様々である。この例は，Granshaw [20] によって示されたもので，回転角の更新を和の形ではなく積の形で更新するようにしたことにより，$\mathbf{G}_1$ がシンプルな形になっている。

$\mathbf{G}$ が $\mathbf{A}$ と直交するかどうかは，$\mathbf{A}$ の行を取り出してみて ($\acute{\mathbf{a}}_j$ とする)，$\acute{\mathbf{a}}_j \mathbf{g}_i = 0$ ($i = 1, 2, \cdots, 7$) が成り立つかどうか計算してみればよい。本章ではその証明は行わないが，外部標定要素の投影中心座標の偏微分係数と対象空間座標の偏微分係数は大きさが同じで符号が異なる対称の形となっているから，$\acute{\mathbf{a}}_j \mathbf{g}_1 = 0$, $\acute{\mathbf{a}}_j \mathbf{g}_2 = 0$, $\acute{\mathbf{a}}_j \mathbf{g}_3 = 0$ となることは明らかである。

5.4.4 最小拘束法

5.4.2 項で示したように，内的拘束は未知量の一部に対して掛けることができる。ということはランク落ち分の数の未知量について内的拘束を掛ければ，その未知量の分散を 0 として拘束することになる。たとえば，対象空間座標の補正量 (ΔX_1, ΔY_1, ΔZ_1), (ΔX_2, ΔY_2, ΔZ_2), ΔZ_3 を拘束すると，

$$\begin{aligned} &\Delta X_1 = 0, \Delta Y_1 = 0, \Delta Z_1 = 0 \\ &\Delta X_2 = 0, \Delta Y_2 = 0, \Delta Z_2 = 0, \Delta Z_3 = 0 \end{aligned} \tag{5.21}$$

なる拘束条件式を付けて計算することになり，これは図 5.1(b) で示した最小限の基準点を与えて調整計算するのと同じである。同様に，1 枚目の写真の外部標定要素と 2 枚目の写真の外部標定要素の一部を拘束するような内的拘束を与えると，図 5.1(a) のようになる。

このようにランク落ち分の最小限の変数を選んでそれらの分散を 0 とするように拘束を与える方法をここでは最小拘束法と呼ぶ。

5.4.5 内的拘束法の解法

内的拘束法を用いてバンドル調整するプログラムを作る場合，分散を最小とする未知量の組合せをどのように変えても同じ形の式で解けるよう，分散を最小とする変数を選択する対角行列 **P** を用いて次式のように表すことにする。

$$\mathbf{G}^T \mathbf{P} \mathbf{x} = \mathbf{0} \tag{5.22}$$

たとえば，対象空間座標全体の分散最小解を求めたい場合は，

$$\mathbf{P} = \begin{bmatrix} \ddots & & & & 0 \\ & 0 & & & \\ & & 1 & & \\ & & & 1 & \\ 0 & & & & \ddots \end{bmatrix} \tag{5.23}$$

のように対象空間座標の変数にかかる対角成分を 1 とし，それ以外を 0 とする。表記を簡潔にするため，

$$\mathbf{B} = \mathbf{P}\mathbf{G} \tag{5.24}$$

$$\mathbf{N} = \mathbf{A}^T \mathbf{W} \mathbf{A} \tag{5.25}$$

とすると，拘束条件付き最小二乗法の正規方程式として次式が得られる。

$$\begin{bmatrix} \mathbf{N} & \mathbf{B} \\ \mathbf{B}^T & \mathbf{0} \end{bmatrix} \begin{bmatrix} \mathbf{x} \\ \boldsymbol{\lambda} \end{bmatrix} = \begin{bmatrix} \mathbf{A}^T \mathbf{W} \mathbf{e} \\ \mathbf{0} \end{bmatrix} \tag{5.26}$$

ここで，

$\boldsymbol{\lambda}$ はラグランジュの未定乗数ベクトルである。

これを解くと，

$$\mathbf{x} = \left(\mathbf{N} + \mathbf{B}\mathbf{B}^T \right)^{-1} \mathbf{A}^T \mathbf{W} \mathbf{e} \tag{5.27}$$

を得る。また，この分散共分散行列は，

$$\mathbf{Q}_x = \sigma_0^2 \left\{ \left(\mathbf{N} + \mathbf{B}\mathbf{B}^T \right)^{-1} - \mathbf{G} \left(\mathbf{G}^T \mathbf{B}\mathbf{B}^T \mathbf{G} \right)^{-1} \mathbf{G}^T \right\} \tag{5.28}$$

となる。この式を用いた解法は通常の逆行列を用いて解くので高速である。

5.4.6 未知量となる変数を減らす解法

内的拘束法のうち最小拘束法について考えると，ランク落ち分の変数の分散を 0 とするということは，これらを既知量とみなして解くことであり，これらを予め未知量ベクトルから外して解いても同じである。この場合，変数の数は $r = n - d$ となり正規行列はランク落ちせずに逆行列を求めることができる。

このように変数の数をランク落ち分だけ減らすような条件を付けて解く方法が考えられる[22),23)]。いま，変数 $\mathbf{x}$ (n 個) を $\mathbf{x}_r$ (r 個) と $\mathbf{x}_d$ (d 個) に分離して，式 (5.12) を書き換えると，

$$\mathbf{G}^T\mathbf{x} = \mathbf{G}_r^T\mathbf{x}_r + \mathbf{G}_d^T\mathbf{x}_d = \mathbf{0} \tag{5.29}$$

のように表される。よって，

$$\mathbf{x}_d = -\left(\mathbf{G}_d^T\right)^{-1}\mathbf{G}_r^T\mathbf{x}_r = \mathbf{C}\mathbf{x}_r \tag{5.30}$$

である。したがって，

$$\begin{bmatrix}\mathbf{x}_r \\ \mathbf{x}_d\end{bmatrix} = \begin{bmatrix}\mathbf{I} \\ \mathbf{C}\end{bmatrix}\mathbf{x}_r \tag{5.31}$$

となる。式 (5.1) の代わりに次式を解く。

$$\mathbf{v} + \mathbf{A}^*\mathbf{x}_r = \mathbf{e} \tag{5.32}$$

ここで，

$$\mathbf{A}^* = \begin{bmatrix}\mathbf{A}_r & \mathbf{A}_d\end{bmatrix}\begin{bmatrix}\mathbf{I} \\ \mathbf{C}\end{bmatrix} = \mathbf{A}_r + \mathbf{A}_d\mathbf{C} \tag{5.33}$$

であり，$\mathbf{A}^*$ のランク落ちはないので正規方程式を解くことができる。ただし，このままでは $\mathbf{x}$ 全体の分散最小解とならないので，$\mathbf{x}^T\mathbf{x} =$ 最小となるように $\mathbf{C}$ を設定すると，

$$\mathbf{A}_d = \mathbf{C}^T\mathbf{A}_r \tag{5.34}$$

なる関係が得られる。これを式 (5.33) に代入すると，

$$\mathbf{A}^* = \mathbf{A}_r\left(\mathbf{I} + \mathbf{C}^T\mathbf{C}\right) \tag{5.35}$$

となる。この条件のもと，式 (5.32) を解けばよい。

この方法は，実質的に最小拘束解を得た後に 5.5.2 項で述べる S 変換により全体の分散最小解へと変換したのと同等である。対象空間座標のノルム最小解を得たい場合は，式 (5.14) をもとにして式 (5.30) と同等な式を導出すればよい。詳細は Papo らの文献[22),23)] を参照されたい。

5.5 基準系の変換

5.5.1 ヘルマート変換による対象空間座標の変換

　空中写真測量では，必要最小限以上の地上基準点が用意されており，それらを与えて解を得るのが一般的である。既述のように，その際に最小拘束数（7つ）より多くの地上基準点座標を観測量として与えてバンドル調整を行うと，基準点同士の誤差によりモデル空間に歪みが発生する。一方，最小拘束数の基準点座標だけを与えて調整計算すると，モデル空間の形状には歪みが発生しなくても，与えた基準点座標の誤差によってモデル空間全体に傾きや位置，縮尺のずれが生じる。とくに基準点の配置に偏りがある場合はその傾向が顕著である。

　このような場合，最小拘束法によって形成されたモデル空間と全地上基準点（N点）との間で最小二乗法による絶対標定，すなわちヘルマート変換を行えばよい。地上基準点座標を $\mathbf{X}_{gi}$ ($i=1, 2, \cdots, N$), 全地上基準点の重心を $\mathbf{X}_O$, i 番目の地上基準点に対応するモデル空間点座標を $\mathbf{x}_{mi}$, モデル空間上での地上基準点の対応点の重心を $\mathbf{x}_O$ とし，対象空間座標とモデル空間座標との縮尺変換係数を S, 回転行列を $\mathbf{R}$ とすると，変換式は次式のように表される。

$$\mathbf{X}_{gi} - \mathbf{X}_O = S\mathbf{R}(\mathbf{x}_{mi} - \mathbf{x}_O) \tag{5.36}$$

$\mathbf{X}_t = \mathbf{X}_O - S\mathbf{R}\mathbf{x}_O$ として平行移動量をまとめると，

$$\mathbf{X}_{gi} = S\mathbf{R}\mathbf{x}_{mi} + \mathbf{X}_t \tag{5.36}'$$

となるので，これを連立して最小二乗法で解けばよい。

　この方法でやっかいなのは，誤差の評価が難しいことである。式 (5.36)′ の分散共分散行列はあくまで絶対標定の評価にすぎず，地上基準点以外の計測点や標定要素の精度評価はできない。また，図 5.1(a), (b) から明らかなように，最小拘束法での調整結果は誤差に偏りがあり，やはり精度評価に用いることができない。

　適切な精度評価を行うなら，全地上基準点座標を初期値として与えたうえで，対象空間座標の平均分散を最小とする内的拘束法によって解くのが望ましい。

5.5.2 S 変換

　基準系を変換する際には，対象空間座標だけでなく分散共分散行列も含めて変換できれば便利である。そのような変換を行うのが S 変換 [17], [34]～[37] である。

　ある基準系によって定まる $\mathbf{x}_a$ とその分散共分散行列 $\mathbf{Q}_{xa}$ を，別の基準系の解 $\mathbf{x}_b$

とその共分散行列 $\mathbf{Q}_{xb}$ に変換するには，次式により変換する．

$$\mathbf{x}_b = \mathbf{S}\mathbf{x}_a \tag{5.37}$$

$$\mathbf{Q}_{xb} = \mathbf{S}\mathbf{Q}_{xa}\mathbf{S}^T \tag{5.38}$$

$$\mathbf{S} = \mathbf{I} - \mathbf{G}\left(\mathbf{B}^T\mathbf{G}\right)^{-1}\mathbf{B}^T \tag{5.39}$$

ここに，$\mathbf{B}$ は式 (5.24) で示された拘束係数行列であり，この場合 $\mathbf{x}_b$ を得るために与える拘束係数行列を与える．たとえば，最小拘束解 $\mathbf{x}_a$ から対象空間座標のノルム最小解 $\mathbf{x}_b$ を得る場合，最小拘束解を得る際に算出された分散共分散行列 $\mathbf{Q}_{xa}$ と対象空間座標のノルム最小解に与える拘束係数行列 $\mathbf{B} = \begin{bmatrix} \mathbf{0} & \mathbf{0} & \mathbf{G}_3^T \end{bmatrix}^T$ を与えて，式 (5.37)～(5.39) を計算すればよい．

式 (5.39) において，$(\mathbf{B}^T\mathbf{G})^{-1}$ ($n \times n$ 行列) を解くことを考えると，少数の基準点を用いたヘルマート変換と比べると計算コストは大きいが，基準系を設定し直して繰返し演算が必要な非線形最小二乗解を得るよりはずっと速く計算できる．

5.6 解析例

5.6.1 シミュレーションの設定

フリーネットワークの性質を確かめるため，図 5.3 のようなトンネル内の内空変位計測を想定した計測シミュレーションを行った例を示す．計測点は 12 点で図中黒丸または三角形で示されており，6 点は $Z = 0\,\mathrm{m}$，残り 6 点は $Z = 0.5\,\mathrm{m}$ の位置に設定されている．

撮影写真は 5 枚で，うち 4 枚が $Z = 1.8\,\mathrm{m}$ の位置，残り 1 枚が $Z = 2.5\,\mathrm{m}$ の位置に配置され，収束撮影ではなく中心から外側に向かって放射状に撮影されている．レンズの焦点距離は 28.6 mm である．

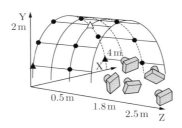

図 5.3 計測点とカメラの配置

計測点座標とカメラの外部標定要素に真値を設定し，それをもとに写真座標の真値を計算したうえで，それらに次のような標準誤差を与えて乱し，初期値または観測量として与えた．

 カメラ投影中心座標：200 mm
 カメラ撮影角　　　：10°
 計測点座標　　　　：30 mm
 写真座標　　　　　：1 μm

なお，内部標定要素は既知とした．

以上のシミュレーションデータに対し，次のような3種類の方法で解を求めた．

(a) 全変数の平均分散最小解（擬似逆行列）
(b) 対象空間座標の平均分散最小解（内的拘束法）
(c) ▲△を拘束する最小拘束法（△は Z のみ拘束）

5.6.2　計算結果

表 5.1 にそれぞれの内的精度と外的精度を示す．内的精度とは分散共分散行列から算定される未知量の推定精度であり，ここでは各対象点座標の平均値を表す．外的精度とは真値との RMSE である．なお，調整計算により得られる解は基準系の設定や初期値によって異なるため，計測点座標をヘルマート変換により真値の座標点分布と重ね合わせたうえで比較した．

収束撮影ではなく放射状に撮影しているため観測ネットワークとしては弱いものとなっており，Z 方向の精度が悪い．内的精度について見ると，(a)，(b) については，平面方向は同等の精度だが，Z 方向には大きな差が見られる．(c) の精度は全体的に悪い．ただし，これはあくまで計測点座標の内的精度のばらつき具合を表す

表 5.1　解析結果：解法による精度の違い

解　法	$\hat{\sigma}_0$ [μm]	内的精度 [mm]		
		X	Y	Z
(a) 全体分散最小	0.99	0.086	0.073	0.237
(b) 対象点分散最小	0.99	0.087	0.075	0.164
(c) 最小拘束	0.99	0.148	0.147	0.214
		外的精度 [mm]		
共　通		0.085	0.074	0.186

ものであって，得られる対象空間は相似であるため外的精度は同一である。

実際には外的精度は得られないことが多いので，外的精度の代わりに内的精度によって誤差の評価ができることが重要となる。この例から分かるのは，(b) による内的精度がもっとも外的精度に近い値を示すということである。ただし，この例でも Z 座標の内的精度がやや小さめに評価されていることからも分かるように，弱い観測ネットワークでは (b) の内的精度が過小評価される傾向があり注意が必要である。とくに大きな対象を多数枚の写真により連結して計測するような場合，内的精度は外的精度の何分の 1 にも過小評価される場合がある。

最後に，各解法での分散共分散行列の値をグラフ化した結果を図 5.4 に示す。図 (b), (c) では分散だけでなく共分散も大きくなっていることが分かる。

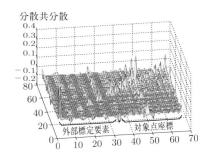

(a) 変数全体の平均分散最小解の分散共分散行列

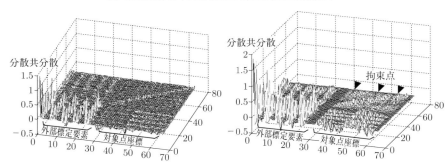

(b) 対象点座標の平均分散最小解の分散共分散行列　　(c) 最小拘束解の分散共分散行列

図 5.4　分散共分散行列の比較

5.7 まとめ

フリーネットワークを用いたバンドル調整について主要な文献や原理，解法についてまとめ，最後に簡単な解析例を示してその性質について述べた．解法としてフリーネットワークを導入するだけであればとても簡単である．しかし，その原理や性質について理解が足りないと，誤差を過小評価してしまうなど危険も大きい．フリーネットワークによって，基準点過多によるモデル空間の歪みから解放され，基準系相互に相似なモデル空間が構築されるとはいえ，それらが実対象空間と相似であるかどうかは別問題である．フリーネットワークが系統誤差までも消し去る魔法の道具ではないことを十分理解したうえで，大いに活用されたい．

参考文献

1) 服部進，秋本圭一（2010）：工業写真計測のフリーネットワーク調整　計測精度とは何を意味しているか＜第1回＞，画像ラボ，2010.2，pp.1-6.
2) 服部進，秋本圭一（2010）：工業写真計測のフリーネットワーク調整　計測精度とは何を意味しているか＜第2回＞，画像ラボ，2010.4，pp.1-4.
3) 服部進，秋本圭一（2010）：工業写真計測のフリーネットワーク調整　計測精度とは何を意味しているか＜第3回＞，画像ラボ，2010.9，pp.1-10.
4) McGlone, C. et al. (2004) : Manual of Photogrammetry, 5th Ed., ASPRS, pp.879-884.
5) 岡村良夫（1992）：逆問題とその解き方，オーム社．
6) 小國健二（2011）：応用例で学ぶ逆問題と計測，オーム社．
7) 登坂宣好，山本昌宏，大西和栄（1999）：逆問題の数理と解法―偏微分方程式の逆解析，東京大学出版会．
8) Grafarend, E. W., (1974) : Optimization of Geodetic Networks. Bolletino di Geodesia a *Science Affini*, Vol. 33, No. 4, pp.351-406.
9) Fraser, C.S. (1984) : Network Design Consideration for Non-Topographic Photogrammetry, *PE&RS*, Vol. 50, No. 8, pp.1115-1126.
10) Schmitt, G. (1985) : Review of Network Design, E.W.Grafarend and F.Sanso eds., *Optimization and Design of Geodetic Networks*, pp.6-10, Springer.
11) Fraser, C.S. (1996) : Network Design, K.B. Atkinson, Close Range *Photogrammetry and Machine Vision*, pp.256-281.
12) Meissl, P. (1962) : Die innere Genauigkeit eines Punkthaufens, Öster. Z. *Vermessungswesen*, 50, pp.159-165, 186-194.
13) Meissl, P. (1965) : Über die innere Genauigkeit dreidimensionaler Punkthaufen, Z. *Vermessungswesen*, 90 (4), pp.109-118.
14) Xu, P., S. Shimada, Y. Fujii, and T. Tanaka (1999) : Geodynamical value of historical geodetic measurements : A theoretical analysis, *Earth Planets Space*, 52, pp.993-997.
15) Gruen, A (1978) : Experiences with self-calibrating bundle adjustment. *Paper presented to the ACSM-ASP Convention*, Washington, D.C., February/March.

16) Marshall, A.R. (1989) : Network Design and Optimization in Close Range Photogrammetry, UNISURV S-36, Univ. of NSW.
17) Ebner, H. (1974) : Analysis of covariance matrices. Proc. Symp. Int. Soc. of *Photogrammetry*, CommIII, Stuttgart, Sept. 1974.Deutsche Geodiitische Kommission, Reihe B, Heft Nr. 214, pp. 111-121.
18) Dermanis, A. (1975) : Contribution of Apollo Lunar Photography to the Establishment of Selenodetic Control. Department of Geodetic Science, The Ohio State University, Rep. No. 226.
19) Granshaw, S. E. (1980) : Bundle Adjustment Methods in Engineering Photogrammetry, *Photogrammetric Record*, Vol. 10, No. 56, pp. 181-207.
20) Fraser, C.S. (1980) : On variance analysis of minimally constrained photogrammetric adjustments. Aust. *J. Geodesy Photogramm. Surv.*, 33, pp. 39-56.
21) Fraser, C.S. (1982) : Optimization of precision in close-range photogrammetry. *PE&RS*, 48 (4), pp.561-570.
22) Papo, H. and Perelmuter, A. (1980) : Free net analysis of storage tank calibration. *Presented paper, XIV Congress of ISP, Comm.V*, Hamburg.
23) Papo, H. and Perelmuter, A. (1982) : Free net analysis in close range photogrammetry. *PE&RS*, 48 (4), pp.571-576.
24) Brown, D.C. (1982) : STARS, A Turnkey System for Close-Range Photogrammetry. *Int. Arch. Photogramm.*, 24, part v/I, pp.13-21.
25) Dermanis, A. (1994) : The photogrammetric inner constraints. ISPRS J. *Photogrammetry & Remote Sensing*, 49(1), pp.25-39.
26) Dermanis, A. (1994) : Free network solutions with the DLT method. *ISPRS J. Photogrammetry & Remote Sensing*, 49(2), pp.2-12.
27) Okamoto, A. (1988) : General Free Net Theory in Photogrammetry, *Intl. Archives of Photogrammetry and Remote Sensing*, XXVII- B3, pp.599-608.
28) Okamoto, A., Hattori, S., Hasegawa, H. and T. Ono (1996) : Orientation and free network theory of satellite CCD line scanner imagery, *Intl. Archives of Photogrammetry and Remote Sensing*, 31(B3), pp. 604-610.
29) Stamatopoulos, C., C. S. Fraser (2011), An orthogonal projection model for photogrammetric orientation of long focal length imagery, Proceeding of AfricaGEO 2011 (CD-ROM).
30) 柳井晴夫, 竹内啓 (1983)：射影行列・一般逆行列・特異値分解, 東京大学出版会.
31) 中根勝見 (1994)：GPS時代の最小二乗法～測量データの3次元処理, 東洋出版.
32) 秋本圭一 (2002)：情報化施工のためのデジタル画像計測法に関する研究, 京都大学工学研究科学位論文.
33) Grafarend, E.W., Sanso, F., eds. (1985) : Optimization and Design of Geodetic Networks, Springer.
34) Baarda, W. (1973) : S-transformations and Criterion Matrices, *Netherlands Geodetic Commission*, Publications on Geodesy, New Series, Vol. 5, No. 1.
35) Van Mierlo, J. (1980) : Free network adjustment and S-transformations, *Deutsche Geodaitische Kommission*, Reihe B, Heft Nr. 252, pp.41-54.
36) Molenaar, M. (1980) : S-transformations and artificial covariance matrices in photogrammetry, *Presented paper, the XIV Congress of the ISP*, Commission III, Hamburg.
37) 服部進, 秋本圭一, 三浦悟, 大西有三 (2005)：画像計測による斜面変位モニタリング, 土木学会論文集, No. 805/VI-69, pp.35-45.
38) 山田康右, 山川毅, 岡本厚, 小野徹, ほか2名 (1999)：人工衛星CCDラインスキャナー画像の標定問題におけるフリーネット解析, 日本写真測量学会平成11年度年次学術講演会発表論文集 (1999), pp.169-172.

第6章

精密工業計測における
バンドル調整とカメラキャリブレーション

　本章では近接写真測量を用いた精密工業計測におけるバンドル調整の扱いについて述べる。まず，精密工業計測での撮影方法の特徴を述べ，FOD（First Order Design）の問題，すなわち撮影方法や拘束条件の与え方によって観測式の構成がどのように変わり，精度にどのような影響が及ぶかを論ずる。次に，バンドル調整に至るまでの解法について述べる。最後に，カメラの内部標定要素を決定するキャリブレーション方法について述べる。本章では実践的な利用を念頭において，精密工業計測分野への応用方法を中心として述べる。

6.1　近接写真測量を用いた精密工業計測

6.1.1　精密工業計測の特徴

　近接写真測量を用いて工業製品の形状や大きさ，変形などを正確に計測するのが精密工業計測の目的である。計測対象は様々であるが，写真測量技術を用いなければ測れないか，効率や安全性に問題がある対象の計測が目的となる[1],[2]。そのため，1mを超える大型部品や建築物など接触式センサでは計測が困難な大きさの対象を極めて高精度に計測する必要がある。

　精密工業計測では計測精度を高めるために様々な工夫がなされ，高精度な計測を実現することが最優先された撮影方法がとられる。その点が実体視を前提とした図化を目的とした空中写真測量や，近接写真測量を用いた方法であっても，三次元モデル作成や品質調査を目的とした応用方法とは大きく異なるところである。

　空中写真測量と比べた場合の精密工業計測の特徴を以下にまとめる。

① 計測が必要なのは形状や大きさなので，絶対的な位置を示す基準点が不要あるいは基準点を用意することが困難である。

② 基準点の代わりに大きさの基準となる基準尺や対象物までの撮影距離の実測値を利用する。
③ 空中写真向けの大判カメラは利用できない。
④ 空間的制約があり，カメラを理想的な位置に配置できない代わり，撮影方向は自由に設定できる。
⑤ 多くの場合，未知量の初期値が与えられない。
⑥ 計測点の取得精度の向上と自動化のため，ターゲット（マーカ）が利用されることが多い。

このように，撮影機材や撮影条件，撮影方法が空中写真測量と大きく異なるため，空中写真測量と同じ標定システムをそのまま適用できるわけではない。目的や現場の状況によって異なる撮影方法に対応しつつ，高精度の調整計算を行うには，バンドル調整を用いた精密工業計測用のシステムが必要である。

なお，①の特徴については，基準点なしでも解かなければならないという問題であり，その解法としては第5章で解説したフリーネットワークを用いたバンドル調整を参照されたい。それ以外の特徴について以下に詳細に述べる。

6.1.2 精密工業計測用カメラ

精密工業計測には，工業用カメラ，あるいはデジタル一眼レフタイプのカメラが用いられることが多い。後者は市販のカメラが流用されるが，撮影状態が変化しないようレンズには単焦点レンズが使用され，焦点距離が変化しないようにピントリングが物理的に固定されマウント部も強固に固定されるのが一般的である。このように加工されたカメラをあらかじめキャリブレーションすることで，実質的に計測用カメラとして利用するのである。

焦点距離が固定されると被写界深度が限定されるため，被写界深度が浅い望遠レンズはあまり利用されず，広角レンズの絞りを狭めたうえ遠方にピントを固定したパンフォーカスの状態で利用される場合が多い。また，広角レンズのほうが明るいので絞っていても露光時間を短く設定でき，手ブレや被写体ブレを抑制できる。幾何学的な条件としても，平行投影に近い望遠レンズより強いパースペクティブが得られる広角レンズが望ましい。ただし目的によっては，望遠レンズやズームレンズを使用しなければならない場合や，撮影現場の状況に応じて焦点距離を調整して撮影する場合もある。

工業計測用のカメラは，空中写真用の大判カメラと比べてセンササイズが小さく画素数も少ない．大判カメラでは広角レンズを用いても高い解像度で撮影可能なため，1枚の写真でカバーできる範囲を広くとることができるが，精密工業計測用のカメラでは高い解像度で撮影するには，撮影距離を小さくとるか倍率を上げる必要があり，いずれにせよ1枚あたりの撮影範囲は狭くなるので，大きな対象物を計測するには多数の写真を撮影する必要がある．

6.1.3　精密工業計測での撮影方法

空中写真測量では，空中からほぼ真下に向けて平行撮影するのが一般的であり，他の撮影方法としては傾斜撮影が加わる程度のバリエーションしかないが，精密工業計測では様々な撮影方法がとられる．大別して，カメラを固定する方法とカメラを自由に移動して撮影する方法がある．

カメラを固定する方法として代表的なのは，複数のカメラを1つの架台に固定し同期撮影するステレオ撮影またはトリプレット撮影である．この撮影方法では，カメラ間の位置関係を拘束条件として与えて解くことができる．同様に，放射状に複数カメラが固定されたパノラマ撮影カメラや，パノラマ撮影装置で撮影した写真もカメラ間の幾何学的関係に関する関係式を与えることができる．

一方，カメラを自由に配置できる場合，計測対象を取り囲むようにカメラを移動しながら収束撮影することで，平行撮影する場合より幾何学的に強い状態で撮影可能となり，高精度な計測が可能となる．ただし，撮影位置や撮影方向の初期値をどうやって与えるのかが問題となる．

6.1.4　ターゲットの利用

近接写真測量の中でも精密工業計測が特徴的であるのは，ターゲット（マーカ）を利用することである（図6.1）．目的や対象によってはターゲットを用いない手法も利用されるが，精密計測の応用分野では例外的である．

ターゲットを利用する目的は3つある．第一の目的は，コントラストが高く環境条件に左右されにくいターゲットを利用することで，計測点の写真座標の計測精度と安定性を向上させることである．第二の目的は，ターゲットを自動認識させることで計測の効率を上げることである．第三の目的は，何らかの基準情報を持ったターゲットやコード化されたターゲットを用いることで，外部標定要素や対象座標の

図 6.1　反射ターゲットと撮影された写真の例

初期値を与えることである。

6.2　撮影条件と条件式

6.2.1　FOD

ここまで述べたように，精密工業計測を含む近接写真測量では様々な撮影方法がとられるため，撮影距離や焦点距離，基線高度比といった単純な指標だけでは計測精度を推定することができない。計測精度は，撮影密度や拘束条件などを含めた観測ネットワークの強さから推定される。5.2 節において解説したように，撮影方法によって計測精度がどのように変化するか，という議論は FOD に属する問題である[4),5)]。

第 5 章と重複するが基礎式を示す。残差ベクトルを $\mathbf{v}$，未知量の補正量ベクトルを $\mathbf{x}$，線形化された式の係数行列を $\mathbf{A}$ とし，残存量ベクトルを $\mathbf{e}$ として，線形化された観測方程式が次式のように表されるとする。

$$\mathbf{v} + \mathbf{A}\mathbf{x} = \mathbf{e} \tag{6.1}$$

解の分散共分散行列 $\mathbf{Q}_x$ は，ZOD の議論を避けるため擬似逆行列を使うと，重み行列を $\mathbf{W}$，単位重さの分散推定量を σ_0 として次式のように表される。

$$\mathbf{Q}_x = \sigma_0^2 \left(\mathbf{A}^T \mathbf{W} \mathbf{A}\right)^+ \tag{6.2}$$

FOD は係数行列 $\mathbf{A}$ を規定する問題であり，観測ネットワークの強さは分散共分散行列 $\mathbf{Q}_x$ によって評価される。係数行列 $\mathbf{A}$ の大きさは，観測式の数（行数 m）と未知量の数（列数 n）で決まり，一般に観測式が多いほど強く，未知量が多いほど弱いネットワークとなる。また，観測状況が各行列成分に反映される。観測数がい

くら多くても，それらが似通った状態で得られたものであれば，悪条件となり未知量をお互いに分離できないため，正確な解が得られない。そのような状態で計算された分散共分散行列 $\mathbf{Q}_x$ を見ると，一部の未知量の分散が大きいだけでなく未知量間の共分散も大きくなっている。

観測ネットワークの強さを事前に評価するにはシミュレーションを行い，分散共分散行列 $\mathbf{Q}_x$ を用いた精度検証を行うとよい。計算方法は，計測後に行われる誤差解析と同じである。評価の手順は次のとおりである。

① 計測全体の精度として，平均分散 $\sigma_x^2 = \text{trace}(\mathbf{Q}_x/m)$ または対角項のうち対象空間座標を抜き出した平均分散を用い，必要な計測精度を満たすか確認する。

② 計測精度が不十分である場合，$\mathbf{Q}_x$ の対角項のそれぞれの成分を分析して，分散の大きな未知量をピックアップする。

③ 分散の大きな未知量同士の共分散をもとに相関を計算し，相関の大きな未知量に対して何らかの対策を行う。

対策としては，①撮影状態の異なる観測を増やすか，②未知量を減らすか，③未知量間に拘束条件を与えるか，いずれかを行う。たとえば全般的に対象空間座標の奥行き方向（Z とする）の精度が低く，左右方向（X とする）の未知量と相関が高い場合は，X, Z を分離するために Y 軸まわりの回転量に変化を与えた観測を増やすとよい。また，Z と外部標定要素の投影中心座標の Z 成分（Z_O とする）との相関が高い場合，より広角なレンズを用いて 1 枚の写真あたりの計測点を増やして Z と Z_O の相関を下げるとともに，その分撮影枚数を減らして外部標定要素の未知量の数を減らすといった対策をとればよい。誤差モデルの付加パラメータの数を調整するのも有効である。撮影条件とパラメータ数と精度に関する関係を実験したものとして，Gruen らの研究成果が参考となる[6]。

精密工業計測における撮影方法の工夫について，次項以降でより具体的に紹介する。

6.2.2 収束撮影

精密工業計測において推奨される方法の 1 つが収束撮影である。平行撮影と比べて収束撮影が有利な点は，観測数が多くなり，しかも個々の計測点が様々な方向から撮影されているため，計測点の計測精度が向上することである。同じ計測点を同じカメラで同枚数だけ平行撮影した例を図 6.2 に，収束撮影した例を図 6.3 に示す。

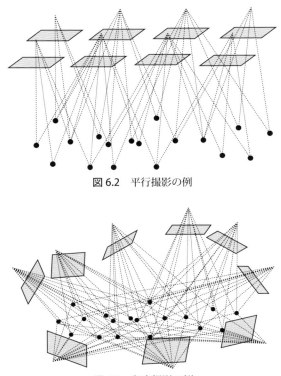

図 6.2 平行撮影の例

図 6.3 収束撮影の例

図 6.3 からも収束撮影のほうが観測ネットワークは密であることが一目瞭然であるが，係数行列 $\mathbf{A}$ の構成にもその違いが表れる。内部標定要素を既知とした場合の共線条件式に関する観測式の部分のみを取り出し，0 を白，それ以外を黒で表したものを，平行撮影については図 6.4 で，収束撮影については図 6.5 で示す。

対象空間座標に関するブロックに大きな違いがあることが分かる。第 5 章の ZOD の解説で示したように，係数行列を列ベクトルに分解して各列ベクトルを $\mathbf{a}_i$ のように表現したとき，各列ベクトルが線形独立であることが一意な解を得ることの条件である。このことを精度の問題に発展させると，各列ベクトルの線形独立性が高いほど，つまり列ベクトル同士の類似度が低いほど，解の分離性が高く高精度な解が得られることになる。図 6.4 では，対象空間座標部でも外部標定要素部と同様に対角項のまわりに 0 以外の数値が帯状に並んでおり，外部標定要素部の列ベク

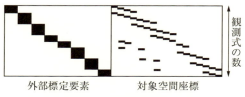

図 6.4　平行撮影での係数行列 A の構成例

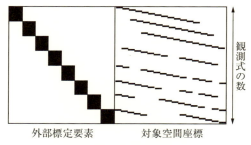

図 6.5　収束撮影での係数行列 A の構成例

トルと類似したパターンを持つ列ベクトルが対象空間座標部にも見られる．係数の数値の違いも考慮すべきだが，係数行列のパターンを見る限りは線形独立性が高いとはいえない．一方，図 6.5 では外部標定要素部の列ベクトルと類似したパターンを対象空間座標部に見ることができず，列ベクトル間の線形独立性が高く，高精度な解が得られることが期待できる．

6.2.3　収束撮影できない場合

トンネルの内空変位を測る場合（図 6.6）など，計測対象が撮影位置から見て外

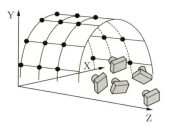

図 6.6　トンネルの内空変位計測

側に存在する場合には収束撮影は不可能である．

　このような場合に計測精度を上げるには，写真測量以外の計測方法を追加するか，未知量を減らすか，拘束条件を与えるのがよい．未知量を減らす方法として，複数のカメラを治具に固定して撮影する方法や，パノラマ撮影機材を用いて投影中心位置を固定した状態で放射方向に撮影する方法が有効である[7]．

　一度の計測で40枚の写真を撮影する場合，カメラを自由に移動させる方法なら，求めるべき外部標定要素の数は $40 \times 6 = 240$ 個にもなる．一方，パノラマ撮影機材を用いる方法なら，たとえば撮影位置ごとに8枚の写真をパノラマ状に撮影すれば撮影位置は5箇所で済むため，投影中心点の座標については $5 \times 3 = 15$ 個のみが未知量となる．さらに，パノラマ撮影された8枚の写真のセット内では，撮影距離と無関係に相互の撮影方向を決定できるため，パノラマ合成写真1セットにつき3つの撮影角が得られればよい，という問題に置き換わる．つまり，外部標定要素の未知量については実質的に合計30個まで減らすことができ，結果として図6.5と同様な強い係数行列を構成することができる．

6.2.4　基準点・基準尺の利用

　空中写真測量では，対象空間座標の精度向上のために多数の基準点を用いて観測ネットワークを拘束することが多い．第5章で解説したように，最小拘束以上に基準点を与えると，解に歪みをもたらし，基準点から外れた位置において精度が低下するという問題があるが，多数の基準点をバランス良く配置し，基準点から大きく外れた位置を計測しないようにするなら，実用上は問題ない．とくに人工衛星画像のように弱い観測ネットワークを扱う場合，多数の基準点による拘束はむしろ弱い観測ネットワークを補強する役割を果たす．しかしこれは，基準点の位置精度が写真や人工衛星画像の空間分解能と比べて十分に高いことが前提である．

　一方，精密工業計測では期待される計測精度そのものが高く，それ以上に高い精度で基準点座標を与えることは一般的に難しい．また，十分強い観測ネットワークを構成して計測することが多く，多数の基準点で補強する必要もない．そもそも基準点が不要であることも多く，正確な基準点座標を与えることも難しいため，基準点をまったく与えずに解くか，最小拘束となる基準点座標のみを与えて解くのが一般的である．

　ただし，基準点を用いずフリーネットワークで解くと，対象物の大きさが正しく

図 6.7 基準尺

得られないという問題がある。また，最小限の基準点だけ与えた場合，与えた基準点座標の誤差が計測対象全体の大きさに大きな影響を及ぼすのも問題である。そこで，正確に長さが計測され熱変化などの影響を受けにくい素材で作られた基準尺が利用される（図 6.7）。基準尺の両端にはターゲットが付けられる。大型の基準尺を作るのは難しいので，計測対象が大きい場合には複数の基準尺を配置することで基準尺の計測誤差が計測対象全体の大きさに及ぼす影響を低減させることが多い。ただし，基準尺も基準点と同様に，複数用いた場合には解に歪みをもたらす可能性があることには注意が必要である。そのため，基準点を与える場合と同様に，設計精度をもとにした重みを付けて調整する必要がある。

基準尺の両端点の座標を $(X_{S1}, Y_{S1}, Z_{S1}), (X_{S2}, Y_{S2}, Z_{S2})$ とし，基準尺の長さを s とすると，基準尺に関する観測式は次式で表される。

$$s - \sqrt{(X_{S1} - X_{S2})^2 + (Y_{S1} - Y_{S2})^2 + (Z_{S1} - Z_{S2})^2} = 0 \tag{6.3}$$

線形化のため，この式の左辺を f_S として，両端点の座標に関する偏微分を求めると次式のようになる。

$$S_O = \sqrt{(X_{S1} - X_{S2})^2 + (Y_{S1} - Y_{S2})^2 + (Z_{S1} - Z_{S2})^2}$$

$$\frac{\partial f_S}{\partial X_{S1}} = -\frac{X_{S1} - X_{S2}}{S_O}, \quad \frac{\partial f_S}{\partial X_{S2}} = \frac{X_{S1} - X_{S2}}{S_O}$$

$$\frac{\partial f_S}{\partial Y_{S1}} = -\frac{Y_{S1} - Y_{S2}}{S_O}, \quad \frac{\partial f_S}{\partial Y_{S2}} = \frac{Y_{S1} - Y_{S2}}{S_O}$$

$$\frac{\partial f_S}{\partial Z_{S1}} = -\frac{Z_{S1} - Z_{S2}}{S_O}, \quad \frac{\partial f_S}{\partial Z_{S2}} = \frac{Z_{S1} - Z_{S2}}{S_O}$$

よって補正値に Δ を付けて表すと，線形化された残差方程式は次式のように表される。

$$\begin{aligned} v_S &+ \frac{\partial f_S}{\partial X_{S1}} \Delta X_{S1} + \frac{\partial f_S}{\partial X_{S2}} \Delta X_{S2} + \frac{\partial f_S}{\partial Y_{S1}} \Delta Y_{S1} \\ &+ \frac{\partial f_S}{\partial Y_{S2}} \Delta Y_{S2} + \frac{\partial f_S}{\partial Z_{S1}} \Delta Z_{S1} + \frac{\partial f_S}{\partial Z_{S2}} \Delta Z_{S2} = -f_S \end{aligned} \tag{6.4}$$

式 (6.4) を基準尺の分だけ立てて，線形化された共線条件式の残差方程式とともに

解けばよい。

6.3 初期値取得法

6.3.1 初期値取得の問題

　バンドル調整は非線形最小二乗法を解く問題であるから，初期値が必要になる。空中写真測量では基本は垂直写真なので，写真を見るだけでもおおよその撮影位置や撮影方向を推定可能であるし，第3章でも述べたようにGNSS/IMUなどの位置センサや傾斜センサの情報も初期値として利用可能である。基準点以外の対象空間座標についても，外部標定要素の初期値が得られていれば共線条件式は線形式として扱えるので，隣接写真間で共線条件式を連立するだけで容易に解くことができる。
　一方，近接写真測量ではGNSS/IMUを搭載しているMMS（Mobile Mapping System）のような例外を除き，外部標定要素の初期値を直接得ることはできない。とくに反射ターゲットを用いて収束撮影する場合には，暗い背景の中にターゲットが点々と写っているだけであるから，写真から外部標定要素を推定することはかなり困難である。そのため，次のような方法で外部標定要素の初期値を与える。
　① 座標既知点を与えてDLT（Direct Linear Transformation）[8],[9] などにより外部標定要素を算出する。
　② 最初の写真のカメラ座標系を基準座標系とし，相互標定によって隣接写真の外部標定要素を算出する。
　③ ステレオカメラのように最初からカメラ相互の幾何学的関係が決定している撮影装置を用いて相対的な外部標定要素をあらかじめ与える。
　精密工業計測では，あらかじめ配置が決定された標定用のターゲット（図6.8）を設置し，それを座標既知点として与えることが多い。そこで次項では，①の方法

図6.8　標定用ターゲットの例[10]

について解説する。

6.3.2 後方交会法

　座標既知点を与えて初期値なしに標定計算する方法（すなわち後方交会法）の解法としてよく知られているのが **DLT** である．DLT 共線条件式を一般化した線形式に変形して最小二乗法により解き，得られたパラメータから外部標定要素と内部標定要素を推定する方法である．ここでは外部標定要素の初期値取得が目的であるため，キャリブレーションされたカメラを用いることを前提として内部標定要素は既知とし，外部標定要素のみ解く方法について解説する．

(X, Y, Z) ：対象空間座標（既知）
(X_O, Y_O, Z_O) ：投影中心座標
$\alpha_{ij}\ (i=1,2,3 ; j=1,2,3)$ ：回転行列の要素
(x, y) ：レンズ歪みなど修正後の写真座標
c ：画面距離

とすると，共線条件式は，

$$x = -c\frac{\alpha_{11}(X-X_O)+\alpha_{21}(Y-Y_O)+\alpha_{31}(Z-Z_O)}{\alpha_{13}(X-X_O)+\alpha_{23}(Y-Y_O)+\alpha_{33}(Z-Z_O)}$$

$$y = -c\frac{\alpha_{12}(X-X_O)+\alpha_{22}(Y-Y_O)+\alpha_{32}(Z-Z_O)}{\alpha_{13}(X-X_O)+\alpha_{23}(Y-Y_O)+\alpha_{33}(Z-Z_O)}$$

と表される．いま，$u=-x/c,\ v=-y/c$ として共線条件式を一般化すると次式のように表される．

$$\begin{aligned} u &= \frac{L_1 X + L_2 Y + L_3 Z + L_4}{L_9 X + L_{10} Y + L_{11} Z + 1} \\ v &= \frac{L_5 X + L_6 Y + L_7 Z + L_8}{L_9 X + L_{10} Y + L_{11} Z + 1} \end{aligned} \tag{6.5}$$

式 (6.5) の分母を払い，行列形式で表すと，

$$\mathbf{A} = \begin{bmatrix} X & Y & Z & 1 & 0 & 0 & 0 & 0 & -uX & -uY & -uZ \\ 0 & 0 & 0 & 0 & X & Y & Z & 1 & -vX & -vY & -vZ \end{bmatrix}$$

$$\mathbf{b} = \begin{bmatrix} L_1 & L_2 & L_3 & L_4 & L_5 & L_6 & L_7 & L_8 & L_9 & L_{10} & L_{11} \end{bmatrix}^T$$

$$\mathbf{u} = \begin{bmatrix} u & v \end{bmatrix}^T$$

として，
$$\mathbf{u} = \mathbf{A}\mathbf{b} \tag{6.6}$$
となる．これを連立して $\mathbf{b}$ $(L_k\,(k=1,2,\cdots,11))$ を得る．

ところで，L_1, L_2, L_3, L_5, L_6, L_7, L_9, L_{10}, L_{11} は回転行列の成分 α_{ij} を $L = -(\alpha_{13}X_O + \alpha_{23}Y_O + \alpha_{33}Z_O)$ で除したものであるから，これらで構成される行列は各行ベクトルが直交し，その大きさが L になる．すなわち，

$$\mathbf{B} = \begin{bmatrix} \mathbf{b}_1 \\ \mathbf{b}_2 \\ \mathbf{b}_3 \end{bmatrix} = \begin{bmatrix} L_1 & L_2 & L_3 \\ L_5 & L_6 & L_7 \\ L_9 & L_{10} & L_{11} \end{bmatrix}$$

とすると，
$$\mathbf{b}_i \mathbf{b}_i^T = \frac{1}{L^2} \tag{6.7}$$
$$\mathbf{b}_i \mathbf{b}_j^T = 0 \quad (i \neq j \text{のとき}) \tag{6.8}$$
なる関係があるので，これらの条件を加えて式 (6.6) とともに線形化して再調整計算すれば，より正確な初期値を得ることができる[9]．

得られた $\mathbf{B}$ に L を乗ずれば回転行列を得ることができ，L, L_4, L_8 の関係式より投影中心座標を得ることができる．

DLTはパラメータが11個あり，最低でも6点の座標既知点が必要である．さらに，座標既知点が少ない場合や配置が偏っている場合には不安定となりやすい．より少ない座標既知点で解く方法として，小野らが考案した正射投影モデルがある[11],[12]．詳細については省くが，パラメータが8つだけなので，4点の座標既知点を与えて解くことができるうえ，座標既知点は狭い範囲に平面的に配置していても構わないので，精密工業計測の初期値計算に適している．

6.3.3 初期値計算の手続き

すでに述べたように，外部標定要素の初期値が得られれば，対象空間座標の初期値計算は対象空間座標のみを未知量として共線条件式を連立して解くだけであるから容易である．しかし，そのためには計測点の対応付けが必要である．対象点にコード化されたターゲットを用いる場合，対応付けは容易である．

しかし，コード化されていないターゲットを計測点として撮影する場合，写真上のターゲットの対応付けは前方交会法に基づいて行う必要がある．本章の目的から

逸れるためターゲットの対応付けの方法については述べないが，対応付けを誤ることで大誤差が発生する場合があることに注意が必要である。

多くの場合，標定用ターゲットは一部の写真にしか写っていないので，標定用ターゲットが写っていない写真は，ほかの写真によって座標が既知となった計測点を用いて絶対標定が行われる。その際に，計測点座標に大きな誤差があると，その写真の外部標定要素の初期値の誤差も大きくなるか，解けなくなる。しかし，前項で述べたDLT法はそもそも不安定な方法であり異常値除去が難しい。

そのため，標定用ターゲットが写った少ない枚数の写真から初期値計算を始めて，隣接する写真の初期値計算が新たに行われた段階ですでに初期値が取得された写真についてバンドル調整して，初期値の更新と異常値除去を行う。そしてさらに隣接する写真の初期値を計算して，追加された写真を含めてバンドル調整する，ということを繰り返す[3], [13], [14]。

6.4 精密工業計測におけるカメラキャリブレーション

6.4.1 誤差モデル

すでに述べたように，精密工業計測では市販の一眼レフカメラなどに単焦点レンズを組み合わせて，あらかじめキャリブーションしておくことで計測用カメラとして利用する。その場合問題となるのは，どのような誤差モデル式を用いるかである。誤差モデルを物理的な構成をもとに分解すると，次のようになる。

① 撮像面の位置と傾き
② レンズ収差
③ 撮像面内（センサやフィルム）歪み

空中写真測量ではこれらに加えて大気屈折歪みや球面補正も付加パラメータとして扱われるが，これらはカメラ固有の誤差モデルではないので，近接写真測量でのカメラキャリブレーション時には考慮されない。

また，近接写真測量では撮影方法が様々であるため，次のような撮影条件に合わせて異なる誤差モデルが設定される。

(a) 内部標定要素が固定した1台のカメラを使用
(b) 内部標定要素が異なる複数台のカメラを使用
(c) 写真ごとに内部標定要素が異なる

(b) のようなケースは camera-variant な誤差モデル，(c) のようなケースは photo-variant な誤差モデルと呼ばれる．精密工業計測では，計測精度を高めるため内部標定要素もできる限り減らすため，(a) の状態で撮影されることが一般的であり，ここでは (a) のケースのみ扱う．

6.4.2 撮像面の位置と傾き

理想的なピンホールカメラにおいてカメラ座標 (x_c, y_c, z_c) と写真座標 (x, y) の関係は，画面距離 c と縮尺係数 λ，主点位置のずれ (x_p, y_p) を用いて次式のように表される．

$$\begin{bmatrix} x - x_p \\ y - y_p \\ -c \end{bmatrix} = \lambda \begin{bmatrix} x_c \\ y_c \\ z_c \end{bmatrix} \tag{6.9}$$

しかし実際には，カメラ座標系の z_c 軸方向に相当する光軸方向と撮像面とが直交しているとは限らず，わずかな傾きが存在している．その傾きを表す回転行列を $\mathbf{R}_c$ とすると式 (6.9) は次式のように修正される．

$$\begin{bmatrix} x - x_p \\ y - y_p \\ -c \end{bmatrix} = \lambda \mathbf{R}_c \begin{bmatrix} x_c \\ y_c \\ z_c \end{bmatrix} \tag{6.10}$$

ところで，式 (6.10) を対象空間座標 (X, Y, Z) との関係に置き換えると，投影中心の座標を (X_O, Y_O, Z_O)，カメラの傾きを表す回転行列を $\mathbf{R}_O$ として次式のように表される．

$$\begin{bmatrix} x - x_p \\ y - y_p \\ -c \end{bmatrix} = \lambda \mathbf{R}_c \mathbf{R}_O \begin{bmatrix} X - X_O \\ Y - Y_O \\ Z - Z_O \end{bmatrix} \tag{6.11}$$

$\mathbf{R}_c \mathbf{R}_O$ は 1 つの回転行列 $\mathbf{R}$ で表すことができる．最終的に求めるべきは対象空間座標であり標定要素ではないので，$\mathbf{R}$ を $\mathbf{R}_c \mathbf{R}_O$ に分解する必要はないし，それはそもそも困難である．そのため，$\mathbf{R}_c$ はあたかも存在しないかのように解いても構わない．

しかし，6.4.3 項のレンズ歪みへの影響も含めて考えると完全に無視してよいともいえない．レンズ歪みの影響は撮像面内での現象として現れるので，撮像面の傾きに伴う写真座標の中心投影歪みの影響を加味する必要がある．撮像面の傾きがご

くわずかであること，光軸まわりの回転は実質配慮する必要がないことから，実質的には回転を伴わないアフィン歪みのみが生ずると考えると，次式のような補正を行うことができる[15]．

$$\begin{bmatrix} x - x_\mathrm{p} + \delta_\mathrm{s} y \\ y - y_\mathrm{p} + \delta_\mathrm{m} y \\ -c \end{bmatrix} = \lambda \begin{bmatrix} x_\mathrm{c} \\ y_\mathrm{c} \\ z_\mathrm{c} \end{bmatrix} \tag{6.12}$$

ここで，δ_s はスキュー歪みを表す係数，δ_m は x 座標と y 座標との倍率の差を補正する係数である．なおレンズ歪みのモデル式によっては，ここで新たに加えられた補正項はレンズ歪みのモデル式内に含まれると解釈することもできる．

6.4.3 レンズ歪み

近年では精密工業計測のためにフィルムカメラが用いられることは滅多にないので，フィルム歪みについては本章では省略する．ここでは中心投影歪み以外の歪みとして，レンズ歪みのみを補正の対象とみなして解説する．

レンズにより発生する収差には，ザイデル収差として知られる球面収差，コマ収差，非点収差，像面歪曲，歪曲収差の5種類の収差，これらに加えて色収差がある．これらのうち計測点の写真座標に大きな影響を及ぼすのは歪曲収差である．写真測量の際のレンズ歪みの補正といえば，通常は歪曲収差の補正を意味し，歪曲収差はレンズディストーションと呼ばれることが多い．

歪曲収差の補正を目的とした誤差モデルのバリエーションについては，付録のバンドル調整の歴史において触れている．ここでは精密工業計測においてよく使われる Brown による補正式[16]のみをピックアップして解説する．

歪曲収差は放射方向の歪み δ_r と周方向の歪み δ_t に分解できる．広角レンズに現れやすい樽型歪みやズームレンズの望遠端に現れやすい糸巻き型歪みは放射方向の歪み成分である．それらが非対称に現れる要因となるのが周方向の歪み成分である．それらを合成して得られたのが，付録の式 (付.2) で表された誤差モデルである．高次の項は高精度に評価できないため，実用上は省略されて次のような簡略された式が用いられることが多い．

$$\begin{aligned} \Delta x &= \left(k_1 r^2 + k_2 r^4 + k_3 r^6 \right) \overline{x} + p_1 \left(r^2 + 2\overline{x}^2 \right) + 2 p_2 \overline{xy} \\ \Delta y &= \left(k_1 r^2 + k_2 r^4 + k_3 r^6 \right) \overline{y} + 2 p_1 \overline{xy} + p_2 \left(r^2 + 2\overline{y}^2 \right) \end{aligned} \tag{6.13}$$

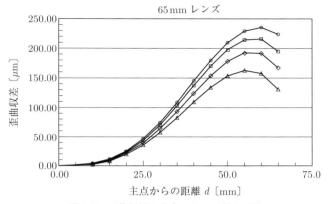

図 6.9 歪曲収差と主点からの距離の関係

ここで,
$$\bar{x} = x - x_\mathrm{p}$$
$$\bar{y} = y - y_\mathrm{p}$$
$$r = \sqrt{\bar{x}^2 + \bar{y}^2}$$

図 6.9 に歪曲収差と主点からの距離の関係を表すグラフの例を示す．この例からも分かるように，非線形性が高く，とくに写真端部での収差の扱いには注意が必要である．

さて，レンズ歪みのうち歪曲収差だけが写真座標に誤差を与えるわけではない．歪曲収差以外の収差によって写真端部で像が流れると，結果的にターゲット像の中心座標が正確に得られない．色収差もターゲット像を非対称にぼかすため，精度の低下につながる．これらの誤差は必ずしも式 (6.13) で表される誤差モデルでは表現できないため，別途対策が必要である[19]．

6.4.4 歪曲収差パラメータの求め方

式 (6.13) に示した歪曲収差（レンズディストーション）の各パラメータ k_1, k_2, k_3, p_1, p_2 の解法としては,
① 直線を用いる方法
② バンドル調整によりパラメータを未知量として解く方法
の 2 種類がある．

①の方法は，中心投影では直線は直線に投影されるため，直線で構成される対象を撮影して，写真に写った像の直線からのずれをもとに歪曲収差パラメータを求める方法である．Brown はプラムラインと呼ばれる装置を写し込んで歪曲収差パラメータを計算する方法を示した[17],[18]が，直線性が保証されるならタイル状のものを使っても構わない．この方法の利点は，外部標定要素などほかのパラメータと独立に算出できるので，ほかのパラメータとの相関を気にする必要がないことである．この方法の欠点は，焦点距離と主点位置が決定できないことと，②の方法と比べて画像処理が簡単ではない（ハフ変換などにより直線を検出する処理が必要）ことである．

②の方法は付加パラメータつきバンドル調整そのものであるから，単純に歪曲収差パラメータを未知量としてバンドル調整すればよい．ただし，次のような注意が必要である．

- 写真端部の座標が得られないと高次のパラメータが正確に得られないので，写真全面に計測点が写るように撮影しなければならない．
- 歪曲収差パラメータと他のパラメータとの相関をなくすため，カメラを光軸まわりに回転させながら収束撮影する必要がある．
- 焦点距離が大きくなると，歪曲収差と主点からの距離の関係が二次曲線のような形状でしか現れないため，高次のパラメータが決定できない．そのため，各パラメータの精度や平均残差を確かめながら無効なパラメータを減らして解くべきである．
- 主点位置のわずかな誤差が，高次のパラメータに大きな影響を与え，周辺部の歪曲収差に大きな誤差をもたらす可能性がある．しかし，レンズにわずかな応力が発生し撮像面上での主点位置がわずか $10\mu m$ 程度移動するだけでも，画像上での主点位置は数画素分も変動する．レンズとカメラとをよほど強固に固定しない限り主点位置は変動するものと考えたほうがよい．

撮影ごとに変動する主点位置のずれについては，レンズの傾きから発生するものであり，6.4.2 項で述べた撮像面の傾きと実質同じである．つまり回転角との相関が強く photo-variant な未知量として解こうとしても原理的に解けない．とくに望遠レンズでは回転角との相関が大きく，しかも広角レンズと比べて変動量が大きいのに推定精度が低い．しかし歪曲収差の非線形性も小さいので，低次のパラメータのみで解く限りは写真座標に及ぼす誤差も小さい．

カメラキャリブレーションを行う際には，キャリブレーション用にターゲットを配したボードなどを利用することが多い。ターゲットが自動識別できるような工夫がなされているためでもあるが，各ターゲットの対象空間座標があらかじめ計測されているものを使えば，対象空間座標を既知量として扱うことができるので，未知量を減らせるだけでなく，歪曲収差パラメータと対象空間座標との相関の問題を避けることができる。

キャリブレーションボード上のターゲットの正確な対象空間座標が得られていない場合でも，高次の歪曲収差パラメータの推定のためにできるだけ近接して撮影した写真のセットと，高次の歪曲収差の影響をできるだけ排するために撮影距離を少し大きめにとって写真中央部分にだけキャリブレーションボードが写るような写真のセットとを組み合わせることによって，歪曲収差パラメータと対象空間座標との相関を小さくするといった工夫をしてもよい[20]。

6.4.5 現場での対応

高精度な計測を目的とする場合はキャリブレーション済みのカメラを用いて撮影すべきであるが，それだけでは十分ではない。撮影の際には高次の歪曲収差の影響を避けるため，写真の端部はできるだけ使わないようにすべきである。端部に計測点が写っている場合は，その写真上でのその点の観測を無視するか低い重みを与えて調整計算すべきである。

現場でセルフキャリブレーションする必要がある場合は，できる限り強い観測ネットワークで撮影するように配慮すべきである。

参考文献

1) Fraser, C.S. (2004) : Industrial and Engineering Measurement, J.Chris McGlone, eds, *Manual of Photogrammetry*, ASPRS, pp.1029-1935.
2) Fraser, C.S. (1996) : Industrial Measurement Application, K.B. Atkinson (eds), *Close Range Photogrammetry and Machine Vision*, pp.329-361.
3) 秋本圭一，服部進，井本治孝 (2001) : 画像計測法を用いた精密工業計測，電子情報通信学会論文誌，Vol. J84-D-II, No. 7, pp.1299-1309.
4) Fraser, C.S. (1984) : Network Design Consideration for Non-Topographic Photogrammetry, *PE&RS*, Vol. 50, No. 8, pp.1115-1126.
5) Fraser, C.S. (1996) : Network Design, K.B. Atkinson (eds), *Close Range Photogrammetry and Machine Vision*, pp.256-281.

6) Gruen, A, Beyer, H.A. (2001) : System Calibration Through Self-Calibration, *Calibration and Orientation of Cameras in Computer Vision*, Springer, pp.163-193.
7) Luhmann, T., Tecklenburg, W. (2002): Bundle orientation and 3-D object reconstruction from multiple-station panoramic imagery. *ISPRS Symposium Comm. V*, Korfu, 2002.
8) Abdel-Aziz, Y.A. & Karara, H.M. (1971) : Direct linear transformation from comparator coordinates into object space coordinates, Sympo. Close-Range Photogrammetry, American Society of Photogrammetry, Falls Church, Virginia, pp.1-18.
9) Bopp, H and Krauss, H. (1978) : An orientation and calibration method for non-topographic applications. *PE&RS*, 44(9), pp.1191-1196.
10) 小野徹, 服部進, 大西芳幸 (2008) : カラーコードターゲットを用いた写真計測による配筋検査の自動化, 日本写真測量学会平成20年度年次学術講演論文集.
11) Ono, T. & Hattori, S. (2002) : Fundamental principles of image orientation using orthogonal projection model, *The International Archives of Photogrammetry and Remote Sensing and Spatial Information Sciences*, Vol. 34, pp.194-199.
12) Stamatopoulos, C., Fraser, C.S. (2011) : An orthogonal projection model for photogrammetric orientation of long focal length imagery, Proceeding of AfricaGEO 2011 (CD-ROM).
13) Hattori, S., Akimoto, K., et al (2002) : Automated Procedures with Coded Targets in Industrial Vision Metrology, *PE&RS*, Vol. 68, No. 5, pp.441-446.
14) 小野徹, 岡本厚, 服部進ほか (1999) : ターゲットの自動ラベリング―コード付きターゲットを使った工業計測の自動化, 日本写真測量学会平成11年度年次学術講演会発表論文集, pp.289-292.
15) Clifford, J., Forstner, W., et al : The Mathematics of Photogrammetry, *Manual of Photogrammetry*, ASPRS, pp.217-226.
16) Brown, D.C. (1966) : Decentering Distortion of Lenses, *PE*, Vol. 32, No. 3, pp.444-462.
17) Brown, D.C. (1971) : Close-Range Camera Calibration, *PE*, Vol. 37, No. 8, pp.855-866.
18) Fryer, J.G., Brown, D.C. (1986) : Lens Distortion for Close-Range Photogrammetry, *PE&RS*, Vol. 52, No. 1, pp.51-58.
19) 服部進, 大西芳幸他 (2011) : 内部標定要素のみでの色収差の補正, 日本写真測量学会平成23年度年次学術講演会発表論文集, pp.11-14.
20) Imoto, H., Hattori, S., et al (2004) : Camera Calibration Technique by Pan-Closeup Exposures for Industrial Vision Metrology, *Proc of ISPRS Congress 2004*, CommV.

第7章

コンピュータビジョンとバンドル調整

　コンピュータビジョン（Computer Vision：**CV**）は、「コンピュータの視覚」であり、視覚センサで得られた画像を処理することで、外部の情報を計測したり理解したりする技術である。産業用の応用の分野ではマシンビジョン、ロボットの視覚としての応用ではロボットビジョンという語が用いられることがあるが、コンピュータビジョンはそれらを包括する概念である。記号や画像認識技術（顔抽出など）、実世界の計測・モデリング技術（ステレオビジョン、Structure from Motion：SfM）、自然画像からの情報抽出・記号化技術などの分野が含まれる。コンピュータビジョンは1枚もしくは複数の画像から実世界のモデル（形状・照明・色など）を復元する逆問題（Inverse Problem）であり、その意味でコンピュータグラフィックスと対をなしているともいえる[1]。

　バンドル調整はコンピュータビジョンの分野において大変重要な役割を果たしていると同時に、コンピュータビジョン的な手法の理解が最新の写真測量技術には欠かせなくなってきている。本章ではコンピュータビジョンと写真測量の関係を述べるとともに、コンピュータビジョン的なバンドル調整の利用について述べる。

7.1　コンピュータビジョンと写真測量

　コンピュータビジョンと写真測量技術の接点は、**ステレオビジョン**から始まったといってよい。ステレオビジョンとはステレオ写真から**距離画像**（Depth Map）、すなわち画像内の各画素までの距離を自動的に計算する技術である。人間にとって視覚は重要なセンサであり、これをモデルとしたステレオビジョンについての研究が古くから行われている。この分野では、写真測量でいう内部標定（Interior Calibration）と相互標定（Exterior Calibration）についての理論が独自に発達し

た[2]。コンピュータビジョンにおいては，ステレオビジョンは2つのカメラだけではなく，3つ以上のカメラを使い，その冗長性を利用して安定した三次元計測を行う**多眼ステレオ**（Multi-View Stereo：MVS）へと発展した[3]。代表的なものにOkutomi-Kanade の Multi-Baseline Stereo[4] がある。

ステレオビジョンは固定されたカメラ，もしくは相対的な位置関係が既知のカメラ群を利用することを前提にしている。一方，移動するカメラ，もしくは撮影位置が未知の複数のカメラで撮影したりした画像からカメラ位置・姿勢と撮影物体の形状の両方を復元する手法を SfM という[1]~[3]。コンピュータビジョンの中でバンドル調整は，この SfM の一手法と位置付けられている。

コンピュータビジョンにおける SfM の主流は，Tomasi-Kanade の**因子分解法**（Factorization Method）[5] であった。因子分解法は連続的に点を画像上で追跡することによって処理できること，また線形代数的処理によって簡便に実装できるという利点があった。

一方，バンドル調整は Triggs ら[6] の大変優れたレビューが行われた後，コンピュータビジョン分野での認知度が高くなった。コンピュータビジョンにおけるバンドル調整利用の1つの集大成は，ワシントン大学で開発され，Microsoft 社でオンラインサービスとして利用されている Photo Tourism（Photosynth）である[7]。これはインターネット上で収集した特定の都市や観光地の画像について SfM を適用し，各写真間の撮影位置関係を明確にするもので，その背後では撮影対象の点群モデルが生成されている。バンドル調整で得られた SfM で得られたカメラの標定情報を MVS に適用すると，さらに詳細な点群やポリゴンメッシュモデルを得ることができる[8]。ワシントン大学が開発したバンドル調整プログラム[9] のソースが公開されたことがバンドル調整の普及に貢献した。

本章では，まずコンピュータビジョンの分野でのバンドル調整の利用の特徴について述べる。次いで，コンピュータビジョンで用いられる非線形最小二乗法（ガウス・ニュートン法および Levenberg-Marquardt 法）について述べ，測量学における非線形最小二乗法と対比する。最後に，コンピュータビジョンのステレオ画像の幾何学（とくに基本行列・基礎行列）とその求め方について，写真測量と対比しながら述べる。とくに相互標定にあたる5点法はバンドル調整と原理が異なるが，自由なカメラ配置のもとでバンドル調整のための初期値を与えるうえで重要な手法である。

7.2 コンピュータビジョンにおけるバンドル調整

7.2.1 写真測量とコンピュータビジョン

　写真測量とコンピュータビジョン（SfM やステレオビジョン）は本質的に同じ問題を取り扱っているといえる。写真測量は，伝統的な土木・測量的なバックグラウンドから発展した具体的な応用のうえに発展してきた技術である。コンピュータビジョンは電子工学・情報工学・ロボット工学のバックグラウンドから発展してきており，実利用という観点では遅れていたが，近年は実際の研究や応用に携わる大学・企業の数で写真測量を大きく上回るようになってきている。さらに，The USC-SIPI Image Database [10] のような検証データの共有化，OpenCV [11] のようなアルゴリズムを実装したソースコードの共有化があり，これらを使うことによって技術発展の速度が加速されている。現在の写真測量は，コンピュータビジョン的な手法を取り込んで発展していこうという潮流の中にある。

7.2.2 コンピュータビジョンにおけるバンドル調整

　前項のような傾向の中で，バンドル調整は写真測量からコンピュータビジョンの分野に導入され，近年大きな成果をあげている。

　コンピュータビジョンにおけるバンドル調整については，先に述べた Triggs らの優れたレビュー [6] があり，日本では岡谷のレビュー [12] が優れている。実際の実装方法については岩元らの論文 [13] が詳しい。いずれにしてもバンドル調整がカメラの位置・姿勢とカメラに写っている対象の座標の復元に利用されることには変わりはなく，共線条件を用いて交会残差（コンピュータビジョンにおいては再投影誤差と呼ばれている）について非線形最小二乗法で最適化することも同じである。また，行列の縮約やフリーネットワークと同等の手法も含まれている [6], [12]。

　コンピュータビジョンでは，カメラの姿勢を写真測量で行われているような3軸回転角で表現することを推奨していない。カメラの動きが自由な場合は，カメラの向きが所定の範囲を超えてしまうジンバルロックを起こす可能性があるためである [12]。姿勢の表現方法としては，四元数による方法，軸と回転角による方法，回転の微分をそのままパラメータ化する方法などがある [13]。

　コンピュータビジョン分野における大きな功績は，バンドル調整に至る過程にある。写真測量においては，測量的な用途のため，極力誤差要因の混入を排除したう

えで利用しようとするのに対し，コンピュータビジョンの場合は自動処理を前提として誤差要因が混入しても安定して解が得られることが重要である．そのため，バンドル調整を利用するにあたっての前処理（自動対応点取得・初期位置推定）に関する手法が大きく発展することになった．

近年は地上写真測量の分野においても，手持ちカメラで撮影した画像を用いて高精度に計測を行おうとする研究が増えている．また空中写真測量においても，低コストに撮影し測量するために UAV を利用することもある[14]．このときに問題となるのが，カメラの初期パラメータ決定問題である．これについては第4章でも述べられているとおり，コンピュータビジョン的手法の利用が便利である．

コンピュータビジョンにおいては，次の2つの手法の開発が様々な撮影方法のバリエーションにバンドル調整を適用できる可能性を広めたといえる．

(1) 画像局所特徴量

SIFT[15] や SURF[16] を代表とする画像局所特徴量[17]は，画像内の特徴点の特性をベクトルで表現したものである．スケールの違いや方向の違いが吸収される工夫があるため，異なる向きやスケールで撮影した場合も対応関係を計算することができる．とくに地上撮影においては，カメラの方向に大きな収束がある場合が多いうえに，撮影向きを統一することが難しい場合がある．輝度差分や画像相関によるマッチングは画像の向きがある程度同一であることが前提であるが，局所特徴量によるマッチングはそのようなことを気にせず対応点を計算することができる．もちろん誤マッチングも含まれているが，次に述べる5点法と RANSAC を組み合わせることにより，それらを取り除くことができる．

(2) 5点法

バンドル調整は非線形最小二乗法でカメラの位置・姿勢を求めるため，初期値の計算が必要になる．その際，同じ点が写っている2つのカメラ間で相互標定を行い，求められた相対的な位置関係を利用することが必要となる．しかしながら相互標定も非線形最小二乗法を用いるため，そのための初期値をどうやって求めるかが問題となる．

5点法（Five Point Algorithm）は，5点の対応点を用いてカメラの相互関係を代数的に求める手法であり[18], [19]，非線形最小二乗法のような初期値を必要としない．

(3) RANSAC

5点法は RANSAC (Random Sample Consensus)[20] のようなノイズにロバストな推定手法と組み合わせることによって，対応点から誤ったマッチングを取り去ることができる。たとえば，2枚の画像間の対応点から任意に選んだ5点を取り出して計算した結果を使って，他の対応点の縦視差を計算する。許容誤差より小さくなる対応点の数がもっとも多くなるものを選ぶことによって，最適な解を得ることができると同時に誤マッチング点を排除することができる。

7.3 コンピュータビジョンにおける非線形最小二乗法

7.3.1 ガウス・ニュートン法

写真測量においてもコンピュータビジョンにおいても，バンドル調整では共線条件を非線形最小二乗法で解くことでは同じである。コンピュータビジョンの文献では，ガウス・ニュートン法による非線形最小二乗法，その変形である Levenberg-Marquardt 法がよく用いられる。

ガウス・ニュートン法による最小二乗法は，関数の二次近似を用いた関数の最小値探索問題であるが，以下に示すように測量学における非線形最小二乗法と等価である。次式のような観測方程式が与えられたとする。

$$\begin{aligned} f_1(x_1, x_2, \cdots, x_m) &= l_1 + v_1 \\ &\vdots \\ f_n(x_1, x_2, \cdots, x_m) &= l_n + v_n \end{aligned} \tag{7.1}$$

ここで，

$x_1, x_2, \cdots, x_m$ ：未知数（m 個）

$l_1, l_2, \cdots, l_n$ ：観測値（n 個）

$v_1, v_2, \cdots, v_n$ ：残差（n 個）

測量学における非線形最小二乗法[21]では，未知量の初期値を与え，その近傍において線形化する。

$$f_1(x_1^0, x_2^0, \cdots, x_m^0) + \left(\frac{\partial f_1}{\partial x_1}\right)^0 \Delta x_1 + \left(\frac{\partial f_1}{\partial x_2}\right)^0 \Delta x_2 + \cdots + \left(\frac{\partial f_1}{\partial x_m}\right)^0 \Delta x_m$$
$$= l_1 + v_1$$
$$\vdots \tag{7.2}$$
$$f_n(x_1^0, x_2^0, \cdots, x_m^0) + \left(\frac{\partial f_n}{\partial x_1}\right)^0 \Delta x_1 + \left(\frac{\partial f_n}{\partial x_2}\right)^0 \Delta x_2 + \cdots + \left(\frac{\partial f_n}{\partial x_m}\right)^0 \Delta x_m$$
$$= l_n + v_n$$

ただし,

$$x_1^0, x_2^0, \cdots, x_m^0 \quad : \text{近似解}(m\text{個})$$
$$\Delta x_1, \Delta x_2, \cdots, \Delta x_m \quad : \text{補正値}(m\text{個})$$

また右上の添え字 0 は未知量の近似値に対する補正量を示す.ここで,

$$\Delta \mathbf{X} = \begin{bmatrix} \Delta x_1 & \Delta x_2 & \cdots & \Delta x_m \end{bmatrix}^T \tag{7.3}$$

$$\mathbf{V} = \begin{bmatrix} v_1 & v_2 & \cdots & v_n \end{bmatrix}^T \tag{7.4}$$

$$\mathbf{L} = \begin{bmatrix} l_i - f_i(\mathbf{X}) & l_{i+1} - f_{i+1}(\mathbf{X}) & \cdots & l_n - f_n(\mathbf{X}) \end{bmatrix}^T \tag{7.5}$$

$$\mathbf{A} = \begin{bmatrix} \left(\frac{\partial f_1}{\partial x_1}\right)^0 & \left(\frac{\partial f_1}{\partial x_2}\right)^0 & \cdots & \left(\frac{\partial f_1}{\partial x_m}\right)^0 \\ \left(\frac{\partial f_2}{\partial x_1}\right)^0 & \left(\frac{\partial f_2}{\partial x_2}\right)^0 & \cdots & \left(\frac{\partial f_2}{\partial x_m}\right)^0 \\ \vdots & \vdots & \ddots & \vdots \\ \left(\frac{\partial f_n}{\partial x_1}\right)^0 & \left(\frac{\partial f_n}{\partial x_2}\right)^0 & \cdots & \left(\frac{\partial f_n}{\partial x_m}\right)^0 \end{bmatrix} \tag{7.6}$$

とおけば,式 (7.2) は,

$$\mathbf{A} \cdot \Delta \mathbf{X} = \mathbf{L} + \mathbf{V} \tag{7.7}$$

と整理される.このとき,$\mathbf{P}$ を重み行列として,$\mathbf{V}^T \cdot \mathbf{P} \cdot \mathbf{V} \Rightarrow$ 最小を求める正規方程式は,

$$\left(\mathbf{A}^T \cdot \mathbf{P} \cdot \mathbf{A}\right) \cdot \Delta \mathbf{X} = \mathbf{A}^T \cdot \mathbf{P} \cdot \mathbf{L} \tag{7.8}$$

となる.これを $\Delta \mathbf{X}$ について解き,初期値を収束するまで逐次的に更新することによって解が求まる.

一方,ガウス・ニュートン法 [12], [22] においては,未知量ベクトル $\mathbf{X} = (x_1, x_2,$

$\cdots, \boldsymbol{x}_m)^T$ として，

$$\mathbf{E}(\mathbf{X}) = \sum e_i(\mathbf{X})^2 = \sum (l_i - f_i(\mathbf{X}))^2 \tag{7.9}$$

評価関数を最小化する。$\mathbf{X}$ の初期値を $\mathbf{X}^0$ とし，$\mathbf{X}^0$ のまわりでテイラー展開すると，

$$\mathbf{E}(\mathbf{X}^0 + \Delta\mathbf{X}) = \mathbf{E}(\mathbf{X}^0) + \frac{d\mathbf{E}(\mathbf{X}^0)}{d\mathbf{X}} \cdot \Delta\mathbf{X} + \frac{1}{2}\Delta\mathbf{X}^T \cdot \mathbf{H}(\mathbf{X}^0) \cdot \Delta\mathbf{X} \tag{7.10}$$

となる。ここで $\mathbf{H}(\mathbf{X}^0)$ はヘッセ行列で，

$$\mathbf{H}(\mathbf{X}^0) = \begin{bmatrix} \left(\frac{\partial^2 E}{\partial x_1 \partial x_1}\right)^0 & \left(\frac{\partial^2 E}{\partial x_1 \partial x_2}\right)^0 & \cdots & \left(\frac{\partial^2 E}{\partial x_1 \partial x_n}\right)^0 \\ \left(\frac{\partial^2 E}{\partial x_2 \partial x_1}\right)^0 & \left(\frac{\partial^2 E}{\partial x_2 \partial x_2}\right)^0 & \cdots & \left(\frac{\partial^2 E}{\partial x_2 \partial x_n}\right)^0 \\ \vdots & \vdots & \ddots & \vdots \\ \left(\frac{\partial^2 E}{\partial x_n \partial x_1}\right)^0 & \left(\frac{\partial^2 E}{\partial x_n \partial x_2}\right)^0 & \cdots & \left(\frac{\partial^2 E}{\partial x_n \partial x_n}\right)^0 \end{bmatrix} \tag{7.11}$$

である。この最小を与える $\Delta\mathbf{X}$ は，

$$\mathbf{H}(\mathbf{X}^0) \cdot \Delta\mathbf{X} = -\frac{d\mathbf{E}(\mathbf{X}^0)}{d\mathbf{X}} \tag{7.12}$$

を解けばよい。ここで，

$$\frac{\partial \mathbf{E}(\mathbf{X}^0)}{\partial X_j} = 2\sum e_i \cdot \frac{\partial e_i}{\partial X_j} = -2\sum e_i \cdot \frac{\partial f_i}{\partial X_j} \tag{7.13}$$

なので，

$$\frac{d\mathbf{E}(\mathbf{X}^0)}{d\mathbf{X}} = -2\mathbf{A}^T \cdot \mathbf{L} \tag{7.14}$$

ガウス・ニュートン法では，ヘッセ行列を次式のように一次偏微分で近似する。

$$\begin{aligned} \left(\frac{\partial^2 E}{\partial x_j \partial x_k}\right)^0 &= \frac{\partial}{\partial x_k}\left(\frac{\partial E}{\partial x_j}\right)^0 \\ &= -2\frac{\partial}{\partial x_k}\sum e_i \cdot \frac{\partial f_i}{\partial x_j} \\ &= 2\sum \left(\frac{\partial f_i}{\partial x_j} \cdot \frac{\partial f_i}{\partial x_k} - e_i \cdot \frac{\partial^2 f_i}{\partial x_j \partial x_k}\right) \\ &\approx 2\sum \left(\frac{\partial f_i}{\partial x_j} \cdot \frac{\partial f_i}{\partial x_k}\right) \end{aligned} \tag{7.15}$$

これより，
$$\mathbf{H}(\mathbf{X}^0) \approx 2\mathbf{A}^T \cdot \mathbf{A} \tag{7.16}$$
となり，$\Delta \mathbf{X}$ を求める方程式は，
$$\mathbf{A}^T \cdot \mathbf{A} \cdot \Delta \mathbf{X} = \mathbf{A}^T \cdot \mathbf{L} \tag{7.17}$$
となる。これは，重み行列を単位行列とした正規方程式に一致する。

7.3.2 Levenberg-Marquardt 法

Levenberg-Marquardt 法[12),22)]は，単位行列 $\mathbf{I}$ と係数 λ を用いて，正規方程式を次式で置き換える。
$$\left(\mathbf{H}(\mathbf{X}^0) + \lambda \cdot \mathbf{I}\right) \cdot \Delta \mathbf{X} = -\frac{d\mathbf{E}(\mathbf{X}^0)}{d\mathbf{X}} \tag{7.18}$$

係数 λ が小さければガウス・ニュートン法に近づき，係数 λ が大きければ最急降下法に近づく。係数 λ は評価関数が小さくなれば小さく，逆であれば大きくするように調整する。これにより，収束を早めることができる。コンピュータビジョンにおいては，Levenberg-Marquardt 法が非線形最小二乗法のスタンダードになっている。

7.4 コンピュータビジョンにおけるステレオ画像幾何学

7.4.1 ステレオ画像と三次元空間

　基本的に写真測量とは，カメラ（および写真画像）をセオドライトの代用として用い，複数地点から測定対象となる地物を三角測量の原理によって計測する技術である。すなわち，写真画像の実際の幾何学構造を厳密に決定していく傾向にある。一方で，視差差から高度差が推定できるように，実際には異なる場所からほぼ平行に撮影された画像であれば，三次元的な情報を得ることは可能である。
　たとえば，我々は2つの目で世界を見ており，三次元空間を把握できるが，別に主点位置や内部標定要素，外部標定要素が分かっているから把握できるわけではない。長さを測ったり，角度を測ったりするには厳密にはメジャーを当てる必要があるが，長さや角度が同じかどうかについてはだいたい見当を付けることはできる。またステレオ航空写真の一部を切り出して実体視しても，三次元的な構造は認識で

きる。ステレオビジョンの理論によると，厳密な内部標定要素がなくても，視差や奥行の概念を導入することが可能であり[23]，三次元射影幾何空間でなら三次元空間を構成可能である[2]。

三次元射影幾何空間を表現するには，普通1つ次元を増やした同次座標を用いる。たとえば，(X, Y, Z) の同次座標 $(X, Y, Z, 1)$ を用いることが多い。同次座標においては，ある同次座標のすべての座標値が実数倍されたものはもとの座標と同一とみなす。すなわち，

$$(X, Y, Z, 1) \cong (a \cdot X, a \cdot Y, a \cdot Z, a) \tag{7.19}$$

ここで記号 $\cong$ は比が等しいことを示す。言い換えれば，座標間の比が等しければ，同次座標としては同じであるということである。

同次座標を用いると，2点 $\mathbf{P}_1(X_1, Y_1, Z_1, 1)^T$ および $\mathbf{P}_2(X_2, Y_2, Z_2, 1)^T$ を通る三次元空間内の直線上の点 $\mathbf{P}$ は，2点の同次座標の線形和となる。

$$\mathbf{P} \cong a_1 \cdot \mathbf{P}_1 + a_2 \cdot \mathbf{P}_2 \tag{7.20}$$

また，$\mathbf{P}_3(X_3, Y_3, Z_3, 1)^T$ とおくと，3点 $\mathbf{P}_1, \mathbf{P}_2, \mathbf{P}_3$ を含む平面の上の点 $\mathbf{P}$ はやはり3点の同時座標の線形和となる。

$$\mathbf{P} \cong a_1 \cdot \mathbf{P}_1 + a_2 \cdot \mathbf{P}_2 + a_3 \cdot \mathbf{P}_3 \tag{7.21}$$

第四成分が1になるように調整すると，$a_1 + a_2$ もしくは $a_1 + a_2 + a_3$ で除算することになり，和が1になるような係数を掛けることと同じである。

同次座標を用いると，無限遠を1つの点として表現できる。すなわち，$(X, Y, Z, 0)$ は (X, Y, Z) 方向の無限遠点である。

同次座標を用いると，三次元空間の座標変換（射影変換）は 4×4 の行列で表現される。たとえば，ヘルマート変換（平行移動・回転・実数倍）は，

$$\begin{bmatrix} X' \\ Y' \\ Z' \\ 1 \end{bmatrix} = \begin{bmatrix} a \cdot r_{11} & a \cdot r_{12} & a \cdot r_{13} & X_O \\ a \cdot r_{21} & a \cdot r_{22} & a \cdot r_{23} & Y_O \\ a \cdot r_{31} & a \cdot r_{32} & a \cdot r_{33} & Z_O \\ 0 & 0 & 0 & 1 \end{bmatrix} \begin{bmatrix} X \\ Y \\ Z \\ 1 \end{bmatrix} \tag{7.22}$$

である（r_{ij} は回転行列の要素）。式 (7.22) は右辺の第4成分は必ず1になることが保証される。一般の三次元射影空間での線形変換は，4×4 の実正則行列 $\mathbf{A}$ を用いて次式のように表現される。

$$\begin{bmatrix} X' \\ Y' \\ Z' \\ T' \end{bmatrix} \cong \mathbf{A} \cdot \begin{bmatrix} X \\ Y \\ Z \\ T \end{bmatrix} \tag{7.23}$$

式 (7.23) では，無限遠点 ($T=0$) が無限遠点でない点にくる場合もあれば，その逆もあり得る．また一般に変換前後で角度や長さが保存されない．しかし，5 点の対応点（どの 4 点も同一平面上にない）を与えれば，上記の変換行列 $\mathbf{A}$ を決定することができる．

いま，画像座標 (x_1', y_1') および (x_2', y_2') を点 $(X, Y, Z, 1)$ の 2 つのカメラの画像上の投影位置とする（座標はカラム・ライン座標などでよく，主点を原点とする写真座標でなくてもよい）．画像座標に非線形な歪みがないと仮定すると，画像座標と三次元座標は 4×3 のカメラ行列 $\mathbf{P}_1$ および $\mathbf{P}_2$ で対応付けられる．

$$\begin{bmatrix} x_1' \\ y_1' \\ 1 \end{bmatrix} \cong \mathbf{P}_1 \cdot \begin{bmatrix} X \\ Y \\ Z \\ 1 \end{bmatrix}, \quad \begin{bmatrix} x_2' \\ y_2' \\ 1 \end{bmatrix} \cong \mathbf{P}_2 \cdot \begin{bmatrix} X \\ Y \\ Z \\ 1 \end{bmatrix} \tag{7.24}$$

左辺が二次元の同次座標になっており，$\cong$ は各座標値の比が等しいことを示すので，一般化された DLT 共線条件式（6.3 節参照）と同等の式であることが分かる．$\mathbf{P}_1$ および $\mathbf{P}_2$ が既知であれば 1 組の対応点から X, Y, Z が復元できる．

式 (7.23) の $\mathbf{A}$ を用いて，

$$\mathbf{P}_1' = \mathbf{P}_1 \cdot \mathbf{A}^{-1}, \quad \mathbf{P}_2' = \mathbf{P}_2 \cdot \mathbf{A}^{-1}$$

とすれば，

$$\begin{bmatrix} x_1' \\ y_1' \\ 1 \end{bmatrix} \cong \mathbf{P}_1' \cdot \begin{bmatrix} X' \\ Y' \\ Z' \\ 1 \end{bmatrix}, \quad \begin{bmatrix} x_2' \\ y_2' \\ 1 \end{bmatrix} \cong \mathbf{P}_2' \cdot \begin{bmatrix} X' \\ Y' \\ Z' \\ 1 \end{bmatrix} \tag{7.25}$$

である．すなわち，カメラ行列のとり方により，異なる三次元射影空間で三次元座標を復元できる．

コンピュータビジョンのカメラ幾何学理論[2]によると，ステレオ画像間でエピポーラ拘束が与えられれば，カメラ行列の組を三次元射影空間内での任意性（つま

りAのとり方）の中でステレオ画像上の対応点を三次元射影空間の1つで三次元座標に変換できる．上記の空間と実際の三次元空間（地上座標系やモデル座標系など）との対応点の5点への変換行列が分かりさえすれば，内部標定要素が未知のまま本来の三次元空間での計測も可能である．

7.4.2 エピポーラ拘束と相互標定

4.1.5項でも述べたとおり，ステレオ画像において，一方の画像に写った点の対応点はもう一方の画像上の直線上（**エピポーラ線**：Epiporlar Line）に拘束される．このことはコンピュータビジョンのステレオビジョンの理論の中でも重要な役割を果たす．後に述べるように，コンピュータビジョンのバンドル調整利用においても，5点法を用いて初期値問題を解くうえで利用される．

非線形なレンズ歪みがないと仮定した場合，エピポーラ幾何とは，ステレオ画像の一方の画像上である点を決めると，もう一方の画像上で対応点が存在する直線が決定できるということである．このような対応関係を**エピポーラ拘束**と呼ぶ．

画像1上の座標 (x_1', y_1') と画像2上の点 (x_2', y_2') の間のエピポーラ拘束は，3×3 の行列 $\mathbf{H}$ を用いて次式のように表現できる．

$$\begin{bmatrix} x_1' & y_1' & 1 \end{bmatrix} \cdot \mathbf{H} \cdot \begin{bmatrix} x_2' \\ y_2' \\ 1 \end{bmatrix} = \begin{bmatrix} x_1' & y_1' & 1 \end{bmatrix} \cdot \begin{bmatrix} h_{11} & h_{12} & h_{13} \\ h_{21} & h_{22} & h_{23} \\ h_{31} & h_{32} & h_{33} \end{bmatrix} \cdot \begin{bmatrix} x_2' \\ y_2' \\ 1 \end{bmatrix} = \mathbf{0} \quad (7.26)$$

これは，(x_1', y_1') を固定すれば画像2上でのエピポーラ線を表し，逆に (x_2', y_2') を固定すれば画像2上でのエピポーラ線を表す．式(7.26)は同次座標を使っている．行列 $\mathbf{H}$ のことを**基礎行列**（Fundamental Matrix）と呼ぶ[2]．

すべての (x_1', y_1') に対して，エピポーラ拘束を満たす画像2上の点が（物理的に画像上にあるかどうかは別として）必ず1点存在する（その逆も同じである）．この点はすべてのエピポーラ線が交わる交点であり，エピポールと呼ばれる．エピポールはもう一方の画像の投影中心が写る位置であり，無限遠にあることもある．たとえば，対応する点のy座標が必ず一致するように撮影したとすると，エピポーラ拘束は次式となる．

$$\begin{bmatrix} x_1' & y_1' & 1 \end{bmatrix} \cdot \begin{bmatrix} 0 & 0 & 0 \\ 0 & 0 & 1 \\ 0 & -1 & 0 \end{bmatrix} \cdot \begin{bmatrix} x_2' \\ y_2' \\ 1 \end{bmatrix} = \mathbf{0} \quad (7.27)$$

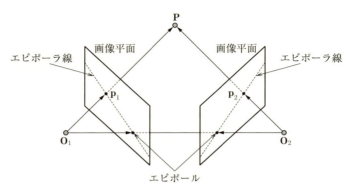

図 7.1 エピポーラ線とエピポール

このときエピポーラ線はすべて y 軸に平行になるので，エピポールは y 方向の無限遠点になる．確かに，

$$\begin{bmatrix} 0 & 0 & 0 \\ 0 & 0 & 1 \\ 0 & -1 & 0 \end{bmatrix} \cdot \begin{bmatrix} 0 \\ 1 \\ 0 \end{bmatrix} = \begin{bmatrix} 0 \\ 0 \\ 0 \end{bmatrix} \tag{7.28}$$

となるので，任意の (x_1, y_1) に対してエピポーラ拘束が成り立つことが了解される．画像 1 上のエピポール $\mathbf{e}_1$ および画像 2 上のエピポール $\mathbf{e}_2$ は次式を満たす点である．

$$\mathbf{e}_1^T \cdot \mathbf{H} = \mathbf{0}$$
$$\mathbf{H} \cdot \mathbf{e}_2 = \mathbf{0}$$

エピポーラ拘束は写真測量の相互標定[24]と同様，共面条件を表している．共面条件は，2 つのカメラの投影中心と，撮像面上の対応点位置が同一平面上にあることを示す．すなわちカメラ 1 とカメラ 2 の投影中心を $\mathbf{O}_1(X_{O1}, Y_{O1}, Z_{O1})$ および $\mathbf{O}_2(X_{O2}, Y_{O2}, Z_{O2})$，各カメラの対応点の撮像面上の座標を $\mathbf{P}_1(X_1, Y_1, Z_1)$ および $\mathbf{P}_2(X_2, Y_2, Z_2)$ とすると，共面条件は次式で記述される[24]．

$$\begin{vmatrix} X_{O1} & Y_{O1} & Z_{O1} & 1 \\ X_{O2} & Y_{O2} & Z_{O2} & 1 \\ X_1 & Y_1 & Z_1 & 1 \\ X_2 & Y_2 & Z_2 & 1 \end{vmatrix} = 0 \tag{7.29}$$

これは同次座標で考えて，$\mathbf{O}_1$, $\mathbf{O}_2$, $\mathbf{P}_1$, $\mathbf{P}_2$ の 4 点が他の 3 点の線形和になる，すなわち共面であることを示している[26]．

一方共面条件は，$\overrightarrow{O_1O_2}, \overrightarrow{O_1P_1}, \overrightarrow{O_2P_2}$ のベクトル三重積（3つのベクトルを辺とする平行四面体の堆積）でも表現できる．ベクトルの外積を「×」，内積を「・」で表すとすると，

$$(\overrightarrow{O_1P_2} \times \overrightarrow{O_1O_2}) \cdot \overrightarrow{O_2P_2} = 0 \tag{7.30}$$

両者は展開すると同一の条件であることが確認できる．

いま，基準となる座標系に対するカメラ1のカメラ座標系を基準とし，$\overrightarrow{O_1O_2}$ $= (b_x, b_y, b_z)$，基準系に対するカメラ2のカメラ座標系の回転行列を $\mathbf{R}_2$，各カメラの対応点の撮像面上のカメラ座標を $\mathbf{p}_1(x_1, y_1, -c_1)^T$ および $\mathbf{p}_2(x_2, y_2, -c_2)^T$（$c_1$，$c_2$ は画面距離）とすると，

$$\left(\mathbf{p}_1^T \times [b_x \quad b_y \quad b_z] \right) \cdot (\mathbf{R}_2 \times \mathbf{p}_2) \tag{7.31}$$

ここで，

$$\mathbf{p}_1^T \times [b_x \quad b_y \quad b_z] = \mathbf{p}_1^T \cdot \begin{bmatrix} 0 & -b_z & b_y \\ b_z & 0 & -b_x \\ -b_y & b_x & 0 \end{bmatrix} \tag{7.32}$$

と書けるので，共面条件は，

$$\mathbf{p}_1^T \cdot \begin{bmatrix} 0 & -b_z & b_y \\ b_z & 0 & -b_x \\ -b_y & b_x & 0 \end{bmatrix} \cdot \mathbf{R}_2 \cdot \mathbf{p}_2 = 0 \tag{7.33}$$

となる．3×3の行列，

$$\mathbf{E} = \begin{bmatrix} 0 & -b_z & b_y \\ b_z & 0 & -b_x \\ -b_y & b_x & 0 \end{bmatrix} \cdot \mathbf{R}_2 \tag{7.34}$$

は基本行列（Essential Matrix）と呼ばれている．すなわち，2つのカメラ座標と基本行列は次式で関係付けられる．

$$\mathbf{p}_1^T \cdot \mathbf{E} \cdot \mathbf{p}_2 = \mathbf{0} \tag{7.35}$$

なお，基本行列は実数倍しても共面条件は成立するので，実数倍の任意性を持つ．また，$\overrightarrow{O_1O_2} = (b_x, 0, 0)$ となる座標系の1つを基準とすると，外積を表す行列は，

$$\mathbf{T} = \begin{bmatrix} 0 & 0 & 0 \\ 0 & 0 & -b_x \\ 0 & b_x & 0 \end{bmatrix} \tag{7.36}$$

となり，その系に対するカメラ1の回転行列を $\mathbf{R}_1$ とすれば，
$$\mathbf{E} = \mathbf{R}_1 \cdot \mathbf{T} \cdot \mathbf{R}_2 \tag{7.37}$$
と表現できる[26]。

なお，カメラ1およびカメラ2の画像座標とカメラ座標の関係が，3×3 の行列 $\mathbf{A}_1$, $\mathbf{A}_2$ を用いて，
$$\begin{bmatrix} x'_1 \\ y'_1 \\ 1 \end{bmatrix} \cong \mathbf{A}_1 \cdot \begin{bmatrix} x_1 \\ y_1 \\ -c_1 \end{bmatrix}, \quad \begin{bmatrix} x'_2 \\ y'_2 \\ 1 \end{bmatrix} \cong \mathbf{A}_2 \cdot \begin{bmatrix} x_2 \\ y_2 \\ -c_2 \end{bmatrix} \tag{7.38}$$
で変換できるとすると，
$$\begin{bmatrix} x'_1 & y'_1 & 1 \end{bmatrix} \cdot \left(\mathbf{A}_1^{-1}\right)^T \mathbf{E} \cdot \mathbf{A}_2^{-1} \begin{bmatrix} x'_2 \\ y'_2 \\ 1 \end{bmatrix} = \mathbf{0} \tag{7.39}$$
となる。すなわち，基礎行列と基本行列の関係は次式で表される。
$$\mathbf{H} = \left(\mathbf{A}_1^{-1}\right)^T \mathbf{E} \cdot \mathbf{A}_2^{-1} \tag{7.40}$$

7.4.3 8点法と5点法

コンピュータビジョンにおける「相互標定」問題は，相互標定要素を角度などでパラメータ化して非線形最小二乗法で解くのではなく，基本行列や基礎行列を直接代数的に解く。これらの手法は標定要素の初期値が与えられなくても解くことができるので，かなり変則的なカメラ配置（大きな収斂がある場合や，一方のカメラの投影中心が他方のカメラの視野内にある場合など）でも安定して解くことが可能である。これらの手法の代表的なものが8点法[25]と5点法[18], [19]である。

8点法は，基礎行列を代数的に求める手法である。エピポーラ拘束式を展開すると，基礎行列 $\mathbf{H}$ の9成分の一次式になる。また，行列 $\mathbf{H}$ を実数倍してもエピポーラ拘束は変わらない。すなわち実数倍の任意性を持つ。よって行列の1つの成分を固定すれば（多くの場合 $h_{33}=1$ とする），他の8つの係数を8点以上の対応点を元に線形に求めることが可能である。これが8点法である。ただし $\mathbf{H}$ は非正則であるので，行列式が0となるような制限を付けて解く必要がある[2]。

一方，5点法は基本行列を求める手法である。基本行列が求まれば，カメラの相対的な位置関係（回転行列）をやはり代数的に求めることができる。

5点法では，5点の対応点を式 (7.35) に適用するが，決定すべき係数は8つあり，これだけだと求めることができない。そこで，基本行列の持つ次の性質を同時に利用する。

(1) 基本性質1

$$\det(\mathbf{E}) = 0 \tag{7.41}$$

(2) 基本性質2

$$2\left(\mathbf{E}\cdot\mathbf{E}^T\right)\cdot\mathbf{E} - \mathrm{tr}\left(\mathbf{E}\cdot\mathbf{E}^T\right)\cdot\mathbf{E} = \mathbf{0} \tag{7.42}$$

基本性質 (1) は $\det(\mathbf{T}) = 0$ より明らかである。基本性質 (2) は，対角和が直交変換で不変であることから，

$$\begin{aligned}\mathrm{tr}\left(\mathbf{E}\cdot\mathbf{E}^T\right) &= \mathrm{tr}\left(\mathbf{R}_1^T\cdot\mathbf{T}\cdot\mathbf{R}_2\cdot\mathbf{R}_2^T\cdot\mathbf{T}^T\cdot\mathbf{R}_1\right)\\ &= \mathrm{tr}\left(\mathbf{R}_1^T\cdot\mathbf{T}\cdot\mathbf{T}^T\cdot\mathbf{R}_1\right) = \mathrm{tr}\left(\mathbf{T}\cdot\mathbf{T}^T\right)\\ &= 2b_\mathrm{x}^2\end{aligned} \tag{7.43}$$

であり，また $\mathbf{T}\cdot\mathbf{T}^T\cdot\mathbf{T} = b_\mathrm{x}^2\cdot\mathbf{T}$ なので，

$$\begin{aligned}\left(\mathbf{E}\cdot\mathbf{E}^T\right)\cdot\mathbf{E} &= \left(\mathbf{R}_1^T\cdot\mathbf{T}\cdot\mathbf{T}^T\cdot\mathbf{R}_1\right)\cdot\mathbf{R}_1^T\cdot\mathbf{T}\cdot\mathbf{R}_2\\ &= \mathbf{R}_1^T\cdot\mathbf{T}\cdot\mathbf{T}^T\cdot\mathbf{T}\cdot\mathbf{R}_2\\ &= b_\mathrm{x}^2\end{aligned} \tag{7.44}$$

以上より基本性質 (2) が導かれる[26]。

5点法では，次のステップで基本行列を算出する。

① 5組の対応点から得られる共線条件式から，求めるパラメータを3つに減らす。

② 基本性質 (1) および (2) によって得られる高次連立方程式を解き，基本行列を求める。

③ 基本行列から2つのカメラ間の相対関係を復元する。

ステップ②は高次方程式なので，解となる基本行列は複数存在する。実際，5点の対応点を与えた場合，これを満たす相対関係は一意に決まるとは限らない[26]。そこで，他の対応点の縦視差の検証を合わせて行い，複数解から正しいものを選び出す必要がある[18], [19]。

参考文献

1) Szeliski, R., Computer Vision (2010) : Algorithm and Applications, Springer.
2) Hartley, R.I. and Zisserman, A. (2004) : Multiple View Geometry in computer vision (2nd ed.), Cambridge University Press.
3) 古川泰隆 (2012):複数画像からの三次元復元手法, コンピュータビジョン最先端ガイド5, アドコムメディア, pp.33-70.
4) Okutomi, M. and Kanade, T. (1993) : A Multiple-Baseline Stereo, IEEE Trans. on Pattern Analysis and Machine Intelligence, Vol. 15, No. 4, April, pp. 353-363.
5) Tomasi, C. and Kanade, T. (1992) : Shape and motion from image streams under orthography : a factorization method, International Journal of Computer Vision, 9 (2), pp.137-154.
6) Triggs, B., P. McLauchlan and R. Hartley and A. Fitzgibbon (1999) : Bundle Adjustment - A Modern Synthesis, ICCV'99 : Proceedings of the International Workshop on Vision Algorithms, Springer-Verlag, pp.298-372.
7) Snavely, N., Seitz, S. and Szeliski, R. (2006) : Photo tourism : Exploring photo collections in 3D, ACM Transaction on Graphics, Siggraph, 25(3), pp.835-846.
8) Furukawa, Y., Curless, B., Seitz, S. M. and Szeliski, R. (2010) : Towards Internet-scale multi-view stereo, CVPR 2010, pp.1434-1441.
9) http ://phototour.cs.washington.edu/bundler/ (accessed May 2013).
10) http ://sipi.usc.edu/database/ (accessed May 2013)
11) http ://opencv.willowgarage.com/ (accessed May 2013)
12) 岡谷貴之 (2009):バンドルアジャストメント, 情報処理学会研究報告, Vol. 2009-CVIM-167, No. 37.
13) 岩元祐輝, 菅谷保之, 金谷健一 (2011):3次元復元のためのバンドル調整の実装とその評価, 情報処理学会研究報告, 2011-CVIM-175-19, pp.1-8.
14) Anai, T., Sasaki, T., Osaragi, K., Yamada, M., Otomo. F. and Otani, H. (2012) : Automatic Exterior Orientation Procedure for Low-Cost UAV Photogrammetry using Video Image Tracking Technique and GPS Information, ISPRS, Vol. XXIX-B7,V/I, pp.469-474.
15) Lowe, D. (2004) : Distinctive image features from scaleinvariant keypoints, Int'l. J. Computer Vision, 60, 2, pp.91-110
16) Bay, H., Ess, A., Tuytelaars, T., and L. Gool (2008) : Supeeded-up robust features (SURF), Computer Vision and Image Understanding, 110, pp.346-359.
17) 藤吉弘亘, 山下隆義 (2010):物体認識のための画像局所特徴量, コンピュータビジョン最先端ガイド2, アドコムメディア, pp.1-60.
18) Nister, D. (2004) : An efficient solution to the five-point relative pose problem, PAMI, 26(6), pp.756-770.
19) Li, H. and Hartley, R. (2006) : Five-point motion estimation made easy, ICPR 2006, pp.630-633.
20) Fischler, M. and Bolles, R. (1987) : Random sample consensus : a paradigm for model fitting with application to image analysis and automated cartography, Readings in computer vision : issues, problems, promciples, and paradigms, pp.726-740.
21) 田島稔, 小牧和雄 (1986):最小二乗法の理論とその応用, 東洋書店.
22) Press, W.H., Flannery, B.P., Teukolsky, F.L. and Vetterling, W.T. (1992) : Numerical Recipes in C. The Art of Scientific Computing, 2nd Edition.
23) Oda, K., Kano, H. and Kanade, T. (1997) : Generalized disparity and its application

for multi-stereo camera calibration, Optical 3-D Measurement Techniques, Vol. 6, pp.109 -116.
24) 日本写真測量学会編（1997）：解析写真測量改訂版.
25) Hartley, R.I. (1997) : In Defense of the Eight-Point Algorithm, IEEE Transaction on Pattern Recognition and Machine Intelligence 19 (6), pp.580-593.
26) 織田和夫（2012）：相互標定とエッセンシャル行列に関する考察, 平成 24 年度日本写真測量学会秋季学術講演会, pp.125-126.

第8章

オープンソースによるバンドル調整の適用

バンドル調整の普及に伴い，コンピュータビジョンの分野を中心に，オープンソースなどが公開されるようになってきている．本章では，オープンソースの1つとして，OpenMVG (http://imagine.enpc.fr/~moulonp/openMVG/) を例にとり，バンドル調整の実装に関して解説する．

8.1 オープンソースの紹介

本章で対象とする OpenMVG は，コンピュータビジョンに関わるコードを集めたライブラリである．コアとなるライブラリとしては，image（画像入出力など），numeric（ベクトルや行列の定義や線形代数），features（特徴点の記述など），cameras（ピンホールなどのカメラモデル），multiview（複数画像の幾何学に基づく相互標定や絶対標定など），robust_estimation（各種のロバスト推定），matching/tracks（特徴点のマッチング・追跡など），bundle_adjustment（バンドル調整）などがあげられる．また，コアライブラリを組み合わせ一連の計算を行うことができるようにした，ソフトウェア群も同時に提供している．なお，一部は，外部のライブラリ（ceres, eigen）を参照している．ライブラリ詳細については，各 URL を参照されたい．

ccres：http://ceres-solver.org/
eigen：http://eigen.tuxfamily.org/index.php?title=Main_Page

8.2 本書との関係

本章では，対象ソースコードの内容に従い，内部標定要素が既知であり，すでに画像間の対応点関係，さらには外部標定要素や特徴点の地上座標の初期値が求められているうえで，バンドル調整を適用することを前提としている。

前述のとおり，本オープンソースは，コンピュータビジョンのライブラリのため，基本的には第 7 章の内容を踏襲している。そのため，バンドル調整の基礎となる共線条件式に相当するものも，同次座標を用いて射影変換により表現されている（7.4.1 項参照）。

また，内部標定要素に関しては，レンズ歪みは考慮せず，画面距離（x, y 軸方向）と主点位置により構成される行列（intrinsic matrix と呼ばれる）で，次式のとおり表現される。

$$\mathbf{K} = \begin{bmatrix} f_x & & c_x \\ & f_y & c_y \\ & & 1 \end{bmatrix} \tag{8.1}$$

ここで，f_x, f_y は画面距離，c_x, c_y は主点位置である。

他章との関係では，上記のような相違はあるものの，基本的な調整計算の流れは同様である。観測値である写真座標と，未知量である外部標定要素と特徴点の地上座標に関する初期値を入力とする。そして，交会残差を目的関数として，非線形最適化により未知量の推定値，および最終的な交会残差を出力するものである（3.2 節，8.3 節参照）。コンピュータビジョンでは，一般的に，バンドル調整に最適化手法を適用するため，交会残差以外の精度評価（3.5.2 項参照）などは行われない。

8.3 コードの解説

以下では，コアライブラリのうち，本書と直接関係する `bundel_adjustment` に焦点を絞り解説を行う。とくに，もっとも簡単な例として収められているソースコードである `bundle_adjustment_test.cpp` を例として示す。

各コードは，https://github.com/openMVG/openMVG/ からまとめてダウンロード可能である。解凍したファイルに対してコアライブラリのコードは，`openMVG-master/src/openMVG` 以下に収められている。以降は，これ以下の

ディレクトリのみを示すものとする。

8.3.1 主な構成

本章で対象とするコードの主要なものは，以下のものである。また，その関係を図 8.1 に示す。図中の [ ] は，そのコードの役割を示す。

```
bundle_adjustment/bundle_adjustment_test.cpp
bundle_adjustment/pinhole_ceres_functor.hpp
bundle_adjustment/problem_data_container.hpp
multiview/test_data_sets.hpp
multiview/projection.hpp
numeric/numeric.h
```

8.3.2 全体の流れ

対象とするソースコード bundle_adjustment_test.cpp は，

① 観測条件の設定
② バンドル調整の初期設定
③ 目的関数（交会残差）の計算
④ 非線形最適化と最終結果の出力

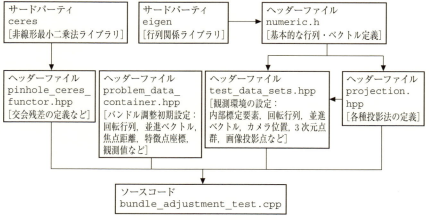

図 8.1　各種コードの関係と役割

といった流れで処理を行う。なお，①に関しては，仮想的な観測条件を設定するために行うものである。実データに適用する際には，該当部分で，実際の観測値や初期値などを読み込むようにすればよい。次項では，この流れに従ってソースコードの解説を行う。

8.3.3　コードの解説

本項では，ソースコード bundle_adjustment_test.cpp の抜粋を示しながら解説していく。全ソースコード（ソースコード 8.11）は本章の最後に示す。抜粋したコードにおける行番号は，全ソースコードの行番号に対応するものとする。なお，ヘッダーファイル関連については，必要な部分のみ示す。また，記号の表記はソースコードに合わせることとし，前章までと異なることに注意されたい。

(1)　撮影条件の設定

まずは，画像枚数（nviews），特徴点数（npoints）を指定し，NViewDataSet により仮想的な観測条件の設定を行う（ソースコード 8.1）。NViewDataSet は，test_data_sets.hpp において構造体が定められている（ソースコード 8.2）。ここでは，すべての特徴点はすべての画像で観測されているものとする。

ソースコード 8.1　bundle_adjustment_test.cpp (1)

```
11    TEST(BUNDLE_ADJUSTMENT, EffectiveMinimization_RTf) {
12      int nviews = 3;
13      int npoints = 6;
14      NViewDataSet d = NRealisticCamerasRing(nviews, npoints);
```

ソースコード 8.2　test_data_sets.hpp

```
1    struct NViewDataSet {
2      vector<Mat3> _K;    // Internal parameters.
3      vector<Mat3> _R;    // Rotation.
4      vector<Vec3> _t;    // Translation.
5      vector<Vec3> _C;    // Camera centers.
6      Mat3X _X;           // 3D points.
7      vector<Mat2X> _x;   // Projected points; may have noise added.
8      vector<Vecu>  _x_ids;
                // Indexes of points corresponding to the projections
9      size_t _n;  // Actual number of cameras.
       //-- Return P=K*[R|t] for the Inth camera
```

```
10      Mat34 P(size_t i) const;
        /// Export in PLY the point structure and camera and
            camera looking dir.
11      void ExportToPLY(const std::string & out_file_name) const;
12    };

        /// Place cameras on a circle with point in the center
13      NViewDataSet NRealisticCamerasRing(
            size_t nviews, size_t npoints,
            const nViewDatasetConfigurator
            config = nViewDatasetConfigurator());
```

この構造体において，内部標定要素（画面距離と主点位置）の行列（_K），および回転行列（_R）は3×3の行列（vecor<Mat3>）であり，並進ベクトル（基線ベクトル，_t），カメラ位置（_C）は三次元ベクトル（vecor<Vec3>），特徴点の地上座標（_X）は3×特徴点数の行列（Mat3X），写真座標（_x）は2×画像枚数の行列（vecor<Mat2X>），特徴点番号（_x_ids）は正の整数値をとる行列（vecor<Vecu>）として定義されている（2〜8行目）。なお，vecor<Mat3>などの行列やベクトルの型は，numeric.hにおいて定義されている（外部ライブラリeigenも利用）。また，特徴点の地上座標から画像平面上の二次元座標に変換する3×4の行列（Mat34），

$$\mathbf{P} = \mathbf{K}[\mathbf{R}\,|\,\mathbf{t}] = \begin{bmatrix} f_x & & c_x \\ & f_y & c_y \\ & & 1 \end{bmatrix} \begin{bmatrix} \mathbf{R} \begin{bmatrix} t_x \\ t_y \\ t_z \end{bmatrix} \end{bmatrix} \tag{8.2}$$

が設定される（10行目）。ここで，f_x, f_yは画面距離，c_x, c_yは主点位置，$\mathbf{R}$は回転行列，t_x, t_y, t_zは並進ベクトルの要素である（8.4.1項参照）。最終的には，NViewDataSet NRealisticCamerasRing関数により，画像枚数，特徴点数などを引数に，条件設定が完了する（13行目）。nViewDatasetConfiguratorは，既知の内部標定要素群をまとめたものである（構造体の定義や具体的な値は，同ヘッダーファイル内にある）。

test_data_sets.hppの具体的内容は，test_data_sets.cpp（ソースコード8.3）で与えられる。

ソースコード 8.3 `test_data_sets.cpp`

```
1   NViewDataSet NRealisticCamerasRing(
              size_t nviews, size_t npoints,
              const nViewDatasetConfigurator config){
      //-- Setup a camera circle rig.
2     NViewDataSet d;
3     d._n = nviews;
4     d._K.resize(nviews);
5     d._R.resize(nviews);
6     d._t.resize(nviews);
7     d._C.resize(nviews);
8     d._x.resize(nviews);
9     d._x_ids.resize(nviews);

10    d._X.resize(3, npoints);
11    d._X.setRandom();
12    d._X *= 0.6;

13    Vecu all_point_ids(npoints);
14    for (size_t j = 0; j < npoints; ++j)
15      all_point_ids[j] = j;

16    for (size_t i = 0; i < nviews; ++i) {
17      Vec3 camera_center, t, jitter, lookdir;

18      const double theta = i * 2 * M_PI / nviews;
        //-- Circle equation
19      camera_center << sin(theta), 0.0, cos(theta); // Y axis UP
20      camera_center *= config._dist;
21      d._C[i] = camera_center;

22      jitter.setRandom();
23      jitter *= config._jitter_amount / camera_center.norm();
24      lookdir = -camera_center + jitter;

25      d._K[i] << config._fx,           0, config._cx,
                              0, config._fy, config._cy,
                              0,           0,          1;
26      d._R[i] = LookAt(lookdir);  // Y axis UP
27      d._t[i] = -d._R[i] * camera_center; // [t]=[-RC] Cf HZ.
28      d._x[i] = Project(d.P(i), d._X);
29      d._x_ids[i] = all_point_ids;
30    }
31    return d;
```

```
32    }
33    Mat34 NViewDataSet::P(size_t i)const {
34      assert(i < _n);
35      Mat34 P;
36      P_From_KRt(_K[i], _R[i], _t[i], &P);
37      return P;
38    }
```

 ここで,引数の画像枚数と特徴点数に合せて,各変数のサイズが決められ(2〜10行目),特徴点をランダムに発生し(11〜12行目),特徴点番号が振られる(13〜15行目)。さらに,各画像に対して,カメラ位置(camera_center),並進ベクトル(t),方向ベクトル(lookdir)を定義する(16〜17行目)。なお,jitterは,仮想的な観測条件に付加するノイズに対応しており,以下の解説では省略する。また,18〜21行目は,カメラを仮想的に円上(半径_dist)に配置(カメラ位置_C[i])するための処理であり,続く22〜24行目でカメラの方向を設定する。

 以上の設定から,カメラiにおける内部標定要素の行列(_K[i]),回転行列(_R[i]),並進ベクトル(_t[i],「カメラ位置×回転行列」で計算)が代入される(25〜27行目)。LookAt関数は,numeric.cppで定義されており,方向ベクトルから回転行列を生成するものである。特徴点の画像平面上での二次元座標(_x[i])に関しては,すでに得られている地上座標(_X)を投影することにより計算する。この投影は先に示した行列Pを用いて行われる。投影計算(28行目)を行う前に,行列Pを求める必要がある(33〜38行目)。具体的には,projection.cpp(ソースコード8.4)に示されているが(1〜3行目),この処理(P_From_KRt関数)は式(8.2)を生成していることになる(HStack関数はeigenで定義されている。numeric.h参照)。

ソースコード 8.4 projection.cpp

```
      /// Compute P = K[R|t]
1     void P_From_KRt(const Mat3 &K,  const Mat3 &R,  const Vec3 &t,
                      Mat34 *P) {
2       *P = K * HStack(R,t);
3     }

4     Vec2 Project(const Mat34 &P, const Vec3 &X) {
5       Vec4 HX;
```

```
6       HX << X, 1.0;
7       Vec3 hx = P * HX;
8       return hx.head<2>() / hx(2);
9    }
10   void Project(const Mat34 &P, const Mat3X &X, Mat2X *x) {
11     x->resize(2, X.cols());
12     for (size_t c = 0; c < static_cast<size_t>(X.cols()); ++c) {
13       x->col(c) = Project(P, Vec3(X.col(c)));
14     }
15   }

16   Mat2X Project(const Mat34 &P, const Mat3X &X) {
17     Mat2X x(2, X.cols());
18     Project(P, X, &x);
19     return x;
20   }
```

これを用いてソースコード 8.3 の 28 行目の投影計算を行う。Project も projection.cpp（ソースコード 8.4）において定義されている関数である。計算手順は，16～20 行目，10～15 行目，4～9 行目の順に行うが，結局は，次の計算を行っていることと同じである（ただし，ここでは地上座標を (X, Y, Z)，画像平面上の二次元座標を (x, y) と記すこととする）。

$$\begin{bmatrix} X' \\ Y' \\ Z' \end{bmatrix} = \mathbf{P} \begin{bmatrix} X \\ Y \\ Z \\ 1 \end{bmatrix} = \begin{bmatrix} f_x & & c_x \\ & f_y & c_y \\ & & 1 \end{bmatrix} \left(\begin{bmatrix} \mathbf{R} \end{bmatrix} \begin{bmatrix} t_x \\ t_y \\ t_z \end{bmatrix} \right) \begin{bmatrix} X \\ Y \\ Z \\ 1 \end{bmatrix} \tag{8.3}$$

$$\begin{bmatrix} x \\ y \end{bmatrix} = \begin{bmatrix} \dfrac{X'}{Z'} \\ \dfrac{Y'}{Z'} \end{bmatrix} \tag{8.4}$$

式 (8.4) が共線条件式に相当する射影変換である。

以上で，撮影条件の設定が終了する。

(2) バンドル調整の初期設定

次に，ソースコード 8.5 の 15 行目において，バンドル調整の初期設定を行う。19～21 行目は，メモリ確保のためのものであるため，ソースコード 8.5 では省略する。クラス BA_Problem_data は，problem_data_container.hpp におい

て設定される（ソースコード 8.6）。

ソースコード 8.5　bundle_adjustment_test.cpp（2）

```
15      BA_Problem_data<7> ba_problem;
        // Configure the size of the problem
16      ba_problem.num_cameras_ = nviews;
17      ba_problem.num_points_ = npoints;
18      ba_problem.num_observations_ = nviews * npoints;

22      ba_problem.num_parameters_ = 7 * ba_problem.num_cameras_ +
            3 * ba_problem.num_points_;
23      ba_problem.parameters_.reserve(ba_problem.num_parameters_);
```

ソースコード 8.6　problem_data_container.hpp

```
1       template<unsigned char NCamParam = 7>
2       class BA_Problem_data {
3        public:
         // Number of camera parameters
4        static const unsigned char NCAMPARAM = NCamParam;
         /// Return the number of observed 3D points
5        size_t num_observations() const { return num_observations_; }
         /// Return a pointer to observed points [X_0, ... ,X_n]
6        const double* observations() const
             { return &observations_[0]; }
         /// Return pointer to camera data
7        double* mutable_cameras() {return &parameters_[0];}
         /// Return pointer to points data
8        double* mutable_points()  {return &parameters_[0] +
             NCamParam * num_cameras_;}
         /// Return a pointer to the camera that observe the Inth
             observation
9        double* mutable_camera_for_observation(size_t i) {
           return mutable_cameras() + camera_index_[i] * NCamParam;
         }
         /// Return a pointer to the point that observe the Inth
             observation
10       double* mutable_point_for_observation(size_t i) {
           return mutable_points() + point_index_[i] * 3;
         }

11       size_t num_cameras_;        // # of cameras
12       size_t num_points_;         // # of 3D points
```

```
13      size_t num_observations_; // # of observations
14      size_t num_parameters_;   // # of parameters
                                    ( NCamParam * #Cam + 3 * #Points)
15      std::vector<size_t> point_index_;
                        // re-projection linked to the Inth 2d point
16      std::vector<size_t> camera_index_;
                        // re-projection linked to the Inth camera
17      std::vector<double> observations_; // 3D points
18      std::vector<double> parameters_;   // Camera parametrization
19     };
```

　これ以降，外部標定要素と画面距離をまとめて，カメラパラメータと呼ぶことにする．カメラパラメータ数（NCamParam）は，デフォルトで7（カメラ位置・回転，画面距離）に設定されている（1, 4行目）．前述のとおり，すべての特徴点は，すべての画像において観測されているものとしているため，ここでは観測点数（num_observations_）として，画像枚数×特徴点数としている．5～10行目では，それぞれ特徴点数，特徴点のポインタ，カメラ情報のポインタ，特徴点情報のポインタ，i番目の観測点に対応したカメラ情報のポインタ，i番目の観測点に対応した特徴点のポインタを指定している．11～18行目において，カメラ数（num_cameras_），特徴点数（num_points_），観測点数，パラメータ数（num_parameters_，ここでは，7×画像枚数＋3×特徴点数），投影点（観測点）番号（point_index_），カメラ番号（camera_index_）を定義している．あわせて，バンドル調整においてパラメータとして扱われる，特徴点の地上座標（observations_），カメラパラメータ（parameters_）を定義している．

　ここで，ソースコード（ソースコード8.5）に戻る．画像枚数，特徴点数，観測点数が計算される（16～18行目）．前2者は，ソースコード8.1で設定されたものである．同様に，パラメータ数の計算を行い，そのためのメモリを確保している（22～23行目）．

　上記のとおりに確保した変数群に対して，まず，画像上での観測値の入力を行う（ソースコード8.7）．画像中心座標を（500, 500）と設定し（24行目），すべての特徴点とそれが観測されている画像に対して，番号を割り振り（27～28行目），観測された画像平面上の二次元座標を読み込む（29行目）．写真座標は条件設定ですでに得られているものから，画像中心座標を用いて変換し，さらにノイズを付加することにより，観測値とする（30～31行目）．

ソースコード 8.7 bundle_adjustment_test.cpp (3)

```
24      double ppx = 500, ppy = 500;
        // Fill it with data (tracks and points coords)
25      for (int i = 0; i < npoints; ++i) {
          // Collect the image of point i in each frame.
26        for (int j = 0; j < nviews; ++j) {
27          ba_problem.camera_index_.push_back(j);
28          ba_problem.point_index_.push_back(i);
29          const Vec2 & pt = d._x[j].col(i);
30          ba_problem.observations_.push_back(
                    pt(0) - ppx + rand()/RAND_MAX - .5);
31          ba_problem.observations_.push_back(
                    pt(1) - ppy + rand()/RAND_MAX - .5);
32        }
33      }
```

　続いて，パラメータの初期値として，観測条件において設定した値を入力する（ソースコード 8.8）．まずは，カメラに関するパラメータである．カメラの回転行列から各軸まわりの回転角に変換し（サードパーティ ceres の関数 RotationMatrixToAngleAxis を使用），並進ベクトル，画面距離を読み込み（35〜38 行目），パラメータの初期値として入力する（39〜45 行目）．続いて，特徴点の地上座標の初期値の入力も行う（48〜51 行目）．

ソースコード 8.8 bundle_adjustment_test.cpp (4)

```
34      for (int j = 0; j < nviews; ++j) {
          // Rotation matrix to angle axis
35        std::vector<double> angleAxis(3);
36        ceres::RotationMatrixToAngleAxis(
                  (const double*)d._R[j].data(), &angleAxis[0]);
          // translation
37        Vec3 t = d._t[j];
38        double focal = d._K[j](0,0);

39        ba_problem.parameters_.push_back(angleAxis[0]);
40        ba_problem.parameters_.push_back(angleAxis[1]);
41        ba_problem.parameters_.push_back(angleAxis[2]);
42        ba_problem.parameters_.push_back(t[0]);
43        ba_problem.parameters_.push_back(t[1]);
44        ba_problem.parameters_.push_back(t[2]);
45        ba_problem.parameters_.push_back(focal);
```

```
46      }
47      for (int i = 0; i < npoints; ++i) {
48        Vec3 pt3D = d._X.col(i);
49        ba_problem.parameters_.push_back(pt3D[0]);
50        ba_problem.parameters_.push_back(pt3D[1]);
51        ba_problem.parameters_.push_back(pt3D[2]);
52      }
```

（3） 目的関数（交会残差）の計算

次に，目的関数として，交会残差（再投影誤差）の計算を行う（ソースコード 8.9）。本コードでは，計算の主な部分は，ceres の関数を用いているため，概要を示す。

ソースコード 8.9 bundle_adjustment_test.cpp （5）

```
53      ceres::Problem problem;
54      for (int i = 0; i < ba_problem.num_observations(); ++i) {
          // Each Residual block takes a point and a camera as
             input and outputs a 2 dimensional
          // residual. Internally, the cost function stores the
             observed image location and compares
          // the reprojection against the observation.
55        ceres::CostFunction* cost_function =
            new ceres::AutoDiffCostFunction<pinhole_reprojectionError::
            ErrorFunc_Refine_Camera_3DPoints, 2, 7, 3>(
              new pinhole_reprojectionError::
                ErrorFunc_Refine_Camera_3DPoints(
                  & ba_problem.observations()[2 * i]));

56        problem.AddResidualBlock(cost_function,
              NULL, // squared loss
              ba_problem.mutable_camera_for_observation(i),
              ba_problem.mutable_point_for_observation(i));
57      }
```

各観測点に対して，交会残差のメモリを確保するとともに計算を行う（55 行目）。この計算（AutoDiffCostFunction（ceres の関数））では，写真座標の x, y 軸方向ごとに，観測値と投影点の差の絶対値を計算している。なお，この関数では，x, y 軸の交会残差（pinhole_reprojectionError::ErrorFunc_Refine_

Camera_3DPoints 関数),残差の数 (2),カメラパラメータ数 (7),該当観測点に対応する特徴点パラメータ（地上座標のこと）の数 (3) となっている。

また,AddResidualBlock 関数では,計算された残差を用いて,コスト関数 (cost_function),ロス関数（この場合は無視してよい）,カメラパラメータのブロック (mutable_camera_for_observation(i)),特徴点パラメータのブロック (mutable_point_for_observation(i)) を定義している。

(4) 非線形最適化と最終結果の出力

目的関数が設定されたら,非線形最適化によりパラメータの推定を行う（ソースコード 8.10）。ここでも,コードの主な部分は ceres の関数を用いているため,概要を示すこととする。

目的関数は,交会残差の二乗和である。ceres には,非線形最適化の解法がいくつかライブラリ化されており,linear_solver_type は,Levenberg-Marquardt 法（7.3.2 項参照）に基づくものである（59 行目）。ここでは,シューア補行列 (SPARSE_SCHUR) により縮約正規方程式を解くよう設定している（3.2.6 項参照）。なお,60〜64 行目は,疎行列の扱いの細かな設定のため,ここでは割愛する。繰返し計算において収束条件を満たせば,最終結果を出力する（65〜69 行目）。最終結果の重要なものとしては,8.3.2 項 (2) で定義したカメラパラメータ,および特徴点パラメータ（地上座標）であり,これらが出力結果に含まれる。

本コードでは,最終結果の中から,初期の交会残差の平均 (dResidual_before) と調整計算後の交会残差の平均 (dResidual_after) を画面出力させている（70〜72 行目）。

ソースコード 8.10　bundle_adjustment_test.cpp (6)

```
58      ceres::Solver::Options options;
59      options.linear_solver_type = ceres::SPARSE_SCHUR;

65      options.minimizer_progress_to_stdout = false;
66      options.logging_type = ceres::SILENT;

67      ceres::Solver::Summary summary;
68      ceres::Solve(options, &problem, &summary);
69      std::cout << summary.FullReport() << "\n";

70      double dResidual_before = std::sqrt( summary.initial_cost /
```

```
                  (ba_problem.num_observations_*2.));
71        double dResidual_after = std::sqrt( summary.final_cost /
                  (ba_problem.num_observations_*2.));

72        std::cout << std::endl
                  << " Initial RMSE : " << dResidual_before << "\n"
                  << " Final RMSE : "   << dResidual_after  << "\n"
                  << std::endl;

73        CHECK(summary.IsSolutionUsable());
74        EXPECT_TRUE( dResidual_before > dResidual_after);
75     }
```

(5) ソースコードの全体

最後に，参考のため，ソースコード bundle_adjustment_test.cpp の全コードをソースコード 8.11 に示す．

ソースコード 8.11　bundle_adjustment_test.cpp（全コード）

```
       // Copyright (c) 2012, 2013 Pierre MOULON.
1      #include "testing/testing.h"
2      #include "openMVG/multiview/test_data_sets.hpp"
3      #include "openMVG/multiview/projection.hpp"
       // Bundle Adjustment includes
4      #include "openMVG/bundle_adjustment/pinhole_ceres_functor.hpp"
5      #include "openMVG/bundle_adjustment/problem_data_container.hpp"
6      using namespace openMVG;
7      using namespace openMVG::bundle_adjustment;
8      #include <cmath>
9      #include <cstdio>
10     #include <iostream>

11     TEST(BUNDLE_ADJUSTMENT, EffectiveMinimization_RTf) {
12       int nviews = 3;
13       int npoints = 6;
14       NViewDataSet d = NRealisticCamerasRing(nviews, npoints);

         // Setup a BA problem
15       BA_Problem_data<7> ba_problem;

         // Configure the size of the problem
16       ba_problem.num_cameras_ = nviews;
17       ba_problem.num_points_  = npoints;
```

```
18      ba_problem.num_observations_ = nviews * npoints;
19      ba_problem.point_index_.reserve(
                  ba_problem.num_observations_);
20      ba_problem.camera_index_.reserve(
                  ba_problem.num_observations_);
21      ba_problem.observations_.reserve(
                  2 * ba_problem.num_observations_);

22      ba_problem.num_parameters_ = 7 * ba_problem.num_cameras_ +
            3 * ba_problem.num_points_;
23      ba_problem.parameters_.reserve(ba_problem.num_parameters_);

24      double ppx = 500, ppy = 500;
        // Fill it with data (tracks and points coords)
25      for (int i = 0; i < npoints; ++i) {
          // Collect the image of point i in each frame.
26        for (int j = 0; j < nviews; ++j) {
27          ba_problem.camera_index_.push_back(j);
28          ba_problem.point_index_.push_back(i);
29          const Vec2 & pt = d._x[j].col(i);
            // => random noise between [-.5,.5] is added
30          ba_problem.observations_.push_back(
                    pt(0) - ppx + rand()/RAND_MAX - .5);
31          ba_problem.observations_.push_back(
                    pt(1) - ppy + rand()/RAND_MAX - .5);
32        }
33      }

        // Add camera parameters (R, t, focal)
34      for (int j = 0; j < nviews; ++j) {
          // Rotation matrix to angle axis
35        std::vector<double> angleAxis(3);
36        ceres::RotationMatrixToAngleAxis(
                  (const double*)d._R[j].data(), &angleAxis[0]);
          // translation
37        Vec3 t = d._t[j];
38        double focal = d._K[j](0,0);
39        ba_problem.parameters_.push_back(angleAxis[0]);
40        ba_problem.parameters_.push_back(angleAxis[1]);
41        ba_problem.parameters_.push_back(angleAxis[2]);
42        ba_problem.parameters_.push_back(t[0]);
43        ba_problem.parameters_.push_back(t[1]);
44        ba_problem.parameters_.push_back(t[2]);
45        ba_problem.parameters_.push_back(focal);
46      }
```

```
         // Add 3D points coordinates parameters
47       for (int i = 0; i < npoints; ++i) {
48         Vec3 pt3D = d._X.col(i);
49         ba_problem.parameters_.push_back(pt3D[0]);
50         ba_problem.parameters_.push_back(pt3D[1]);
51         ba_problem.parameters_.push_back(pt3D[2]);
52       }

         // Create residuals for each observation in the bundle
           adjustment problem.
         // The parameters for cameras and points are added
           automatically.
53       ceres::Problem problem;
54       for (int i = 0; i < ba_problem.num_observations(); ++i) {
           // Each Residual block takes a point and a camera as
             input and outputs a 2 dimensional
           // residual. Internally, the cost function stores the
             observed image location and compares
           // the reprojection against the observation.
55         ceres::CostFunction* cost_function =
             new ceres::AutoDiffCostFunction<pinhole_reprojectionError::
               ErrorFunc_Refine_Camera_3DPoints, 2, 7, 3>(
                 new pinhole_reprojectionError::
                   ErrorFunc_Refine_Camera_3DPoints(
                     & ba_problem.observations()[2 * i]));

56         problem.AddResidualBlock(cost_function,
                 NULL, // squared loss
                 ba_problem.mutable_camera_for_observation(i),
                 ba_problem.mutable_point_for_observation(i));
57       }

         // Make Ceres automatically detect the bundle structure.
58       ceres::Solver::Options options;
59       options.linear_solver_type = ceres::SPARSE_SCHUR;
60       if (ceres::IsSparseLinearAlgebraLibraryTypeAvailable(
                 ceres::SUITE_SPARSE))
           options.sparse_linear_algebra_library_type =
               ceres::SUITE_SPARSE;
61       else
62         if (ceres::IsSparseLinearAlgebraLibraryTypeAvailable(
                   ceres::CX_SPARSE))
             options.sparse_linear_algebra_library_type =
                 ceres::CX_SPARSE;
```

```
63      else{
            // No sparse backend for Ceres. Use dense solving
            options.linear_solver_type = ceres::DENSE_SCHUR;
64      }
65      options.minimizer_progress_to_stdout = false;
66      options.logging_type = ceres::SILENT;

67      ceres::Solver::Summary summary;
68      ceres::Solve(options, &problem, &summary);
69      std::cout << summary.FullReport() << "\n";

70      double dResidual_before = std::sqrt( summary.initial_cost /
            (ba_problem.num_observations_*2.));
71      double dResidual_after = std::sqrt( summary.final_cost /
            (ba_problem.num_observations_*2.));

72      std::cout << std::endl
            << " Initial RMSE : " << dResidual_before << "\n"
            << " Final RMSE : " << dResidual_after << "\n"
            << std::endl;

73      CHECK(summary.IsSolutionUsable());
74      EXPECT_TRUE( dResidual_before > dResidual_after);
75  }

    /**************************************************************/
76  int main() { TestResult tr;
                 return TestRegistry::runAllTests(tr);}
    /**************************************************************/
```

付　録

バンドル調整と空中写真測量の歴史

本付録ではバンドル調整が，空中三角測量の代表的な手法として確立するまでの歴史的経緯をレビューする。ここでは主として空中写真測量におけるテーマについて述べることとする。

付.1　バンドル調整の起源

バンドル調整という概念が発案され，その用語が使用され始めたのはいつからか。1964年にリスボンで開催された国際写真測量学会（ISP，現在のISPRS）リスボン会議のアーカイブがある。その中で，ドイツのAckermannが1960～1964年の空中三角測量のコース調整とブロック調整の発展について講演している[1]。その論文の中に"Block-adjustment by means of digital electronic computation"という項があり，"In the class of the most general adjustment procedures which work with plate coordinates and single bundles of rays and which can incorporate auxiliary data (see Schmid[2] and De Masson d'Autume[3]) the IGN-procedure has come into practical photogrammetric application. The procedure of Schmid is applied for ballistic purposes. Nothing has been published as yet about its use for photogrammetric block-triangulation." と記述している。引用している論文は，ドイツ語とフランス語であり，西ドイツの学会誌であったりして詳しくは分からない。Schmidは米国のバレスティック研究所に，De Masson d'Autumeはフランス国土地理院に所属していたが，この記述を見ると両者とも「写真を調整計算の単位」とする同じ概念の技術を開発したのであるが，"バンドル"という用語の起源はフランスのDe Masson d'Autumeといえそうである。カナダ国立研究所（NRC）のSchutは，スイス・ローザンヌで開催された国際写真測量 XI 回会議で，1964～

1967 年の空中三角測量のレビューをしており，その参考文献に De Masson d' Autum が Photogrammetria に英文で発表した論文を載せている．そのタイトルでは確かに "bundle of rays" を使用している[4), 5)]．

このように，バンドル調整のプログラムが具体的に開発され始めたのは 1960 年代初めから半ばであったと考えられる．ここでは，筆者（那須）が 1972 年から留学した米国カリフォルニア大学バークレー校の土木工学科大学院における解析写真測量の講義ノートや当時勉強した参考資料，その後の研究者間のパーソナルコミュニケーションで得られた情報，アメリカ写真測量リモートセンシング学会（ASPRS）の学会誌「Photogrammetric Engineering（PE，PE&RS）」，日本写真測量学会誌「写真測量，写真測量とリモートセンシング」などを中心に，1950 年代から今日（2010 年代）までの 60 年余りにおける本技術の発展を辿ることとする[†1]．

付.2　バンドル調整の概念の萌芽と基本原理の研究

写真測量における後方交会法による標定問題を解くためには，撮影時のレンズの投影中心の空間的な位置と写真の光軸の方向や回転を求める必要がある．これはバンドル調整の基本原理であり，1890 年代の写真測量の発明以来いろいろな写真測量的問題を解決するために使われてきた．米国シラキュース大学の Church は，1945 年に Church 法と呼ばれる 3 点の基準点を用いて，写真像の共線条件に基づき，手計算で簡便に写真の標定要素を求める方法を考案している[55)]．これは単写真標定というバンドル調整のもっとも基本的な概念である．このように，写真測量技術は古くから，バンドル調整の概念に基づき発展してきたといえる．

コンピュータを使用した解析写真測量の研究は，1950 年代に開始されたが，写真の相互標定，接続標定，さらには対地標定の基本としている写真像の幾何学的な性質は共線条件である．

筆者が大学で勉強した論文・資料を辿ると，前述のように，バンドル調整が具体的に研究されたのは，米国バレスティック研究所である（Schmid[6)]，Schmid ほか[8)]）．第二次大戦後，ドイツから米国に渡った Schmid は，任意の数の写真を対象とするバンドル調整の解法を開発するとともに，誤差伝搬の解析を行ったことでそ

---

†1　PE や PE&RS の論文は，ASPRS のホームページで「PE&RS past issues」で検索すれば日本写真測量学会の場合と同様に無料でダウンロードし利用できる．

の功績が認められている。彼はまた，コンピュータが出現する以前に，それが将来使えることを前提として，その技術を研究した[9]。Schmidやその弟子のBrownは，大陸弾道ミサイルの発射実験時の軌道計測を地上に設置したカメラで写真測量により計測する研究の中で，写真座標の観測データ，外部標定要素，レンズ中心位置の地上座標値の観測データ，地上の基準点の観測データを同時に重み付き調整し最小二乗解を求める「Generalized Least Squares Solution（汎用最小二乗解と訳することとする）」を開発した[7],[8]。バレスティック研究所は，大陸間弾道ミサイルの弾道計算に用いたという，かの有名なENIAC（真空管を使用）のコンピュータを開発した研究所であり，コンピュータを使って研究を行う環境に恵まれていたものと考えられる。

しかしながら，Ackermann[1]が述べているように，後にSchmidやBrownが参考文献としてあげている1950〜1960年代の論文などは多くが研究所内部のレポートであり，軍の研究機関であったこと，また主たる研究内容が空中写真を対象としたものでなかったことから，研究成果が公に公開されることは限定されていたようである。Schmidは，後に沿岸測地測量局（Coast and Geodetic Survey）に転出し，空中三角測量の研究を継続している。

なお，汎用最小二乗解の参考文献については，ラグランジェの未定係数法から説き起こしたものはほとんどなく，Schut[4]に少し記述されている程度であるが，一番しっかり書かれたものとしてASPRS出版の「Manual of Photogrammetry (Forth Edition, 1980)」の第II章が推奨できる[54]。

解析空中三角測量の分野で，具体的にバンドル調整の初期の研究を行ったいくつかの研究がある。

カリフォルニア大バークレー校で筆者の指導教授であったAndersonは，コーネル大学における博士論文で，連続した3枚の写真の同時標定（トリプレット）や3枚×3コースの9枚の写真の同時相互調整を行うサブブロックによる同時調整を行っている[10]。この方法では，ブロック全体の対地標定は，サブブロックを集めて，サブブロック間の共通点を結合点として使用するとともに，三次元座標の一次等角写像によりそれぞれのサブブロックを変換した。図付.1は，講義資料にあったトリプレットの相互標定の概念を示す[10]。

この方法でサブブロックを形成するためには，サイドラップを60％以上にする必要があるが，写真を多く撮影するのは，それほど負荷にならないと考えられた。

同様の研究は，Mikhail [11]，米国沿岸測地測量局の Keller ほか [12] によっても報告されている．トリプレット法では，一般の相互標定が縦視差のみを光線の交会条件として使うのに対して，隣り合ったモデルの共通点の横視差を条件式に加える．この方法は，当時の小型コンピュータでも処理が可能な計算量であり，接続標定の誤差を同時にチェックできるため，誤差を持つ観測データのフィルタリングに効果的であり，バンドル調整の発展の初期段階で研究や実用化が図られた [12]．筆者も，

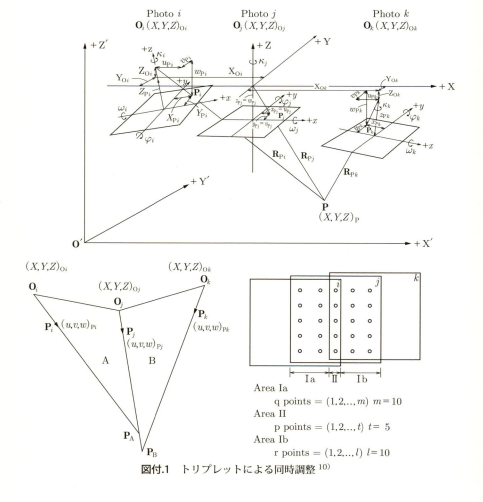

図付.1 トリプレットによる同時調整 [10]

Andersonの論文[10]に基づいて，その後ワシントン大学における修士論文で，トリプレット法によりモデル接続によるコース形成の精度向上を試みて，相応の成果を得ている（Nasu[15]）。

同様に，中村・村井は，トリプレットを拡張したMULTIPLETS METHODについて研究している[16]。

なお，1950～1960年代には，写真測量の系統的な誤差に関する基礎的な研究が多く実施され，それが後のバンドル調整などの解析的な写真測量の発展につながった。

米国度量衡局（National Bureau of Standard）のWasherは，1950年代に航測カメラのキャリブレーションについて研究している[17]～[20]。これらの研究は，ゴニオメータを用いてレンズ収差などを計測するもので，後に写真座標に含まれる放射方向歪みや接線方向歪みのレンズ収差の数学的モデル化や補正の基礎となっていると考えられる[21]。カナダNRCのZiemannは，航測用カメラの画像の各種の歪みについて研究し，それをコントロールするためにはレゾーと8つの指標を必要とするとしている[52],[53]。

RosenfieldやHallertは，写真座標を計測するコンパレータのキャリブレーションについて研究した[22],[23]。また，Schutは，空中写真測量における大気の屈折の影響を解析している[24]。

この時代は，写真座標に含まれる系統的な誤差をできる限り究明・補正しモデル歪みやコース歪みを小さくすることが考えられた。そして，基本的には個々の2枚のステレオペアを図化機にセットして標定するための，パスポイントなどの地上座標や図化機の標定要素を求めるのが，空中三角測量の目的であった。

付.3 本格的なバンドル調整の研究と実用化

解析空中三角測量の発展当初に使用していた電子計算機は，記憶容量は数KBであり，紙テープに鑽孔して記録する必要があり，今日のコンピュータに比較すると高価であったが，その能力は非常に低かった。しかし，隣り合ったコースのサイドラップ部における測量結果の較差の調整の必要性は認識されており，タイポイントの座標の平均値を与件として対地標定を繰返す方法（イタレーション法）を含むいろいろな実用的な方法が採用されていた。さらにコンピュータの能力が向上するに

従って，コース単位の同時解による調整，コースを分割したセクション，さらにモデルを単位とする独立モデル調整や写真を単位とするバンドル調整によるブロック調整へと発展していった。

1960年代後半～1970年代初頭になって，大規模な大学や研究機関のコンピュータセンターにはようやくIBMやCDCの汎用・スーパーコンピュータが導入され，モデルや写真を単位とするブロック調整の研究が可能となった。データの記録媒体も磁気テープやカードが使われ，多量のデータの格納や高速処理が可能となってきた。しかしながらSchut[4]は，"At the IGN, the simultaneous adjustment of photographs (bundles) has long been a subject of investigation" と記述しているので，当時のコンピュータパワーではなかなか実用化にまではいかなかったと推察される。

バンドル調整は，最低限 (写真の外部標定要素の数6) × (写真の枚数 n) の $6n$ 個の未知量の同時解を求めるには膨大な量の計算を行わなければならない[27]～[29],[54]。また，未知量の計算だけでなく誤差伝搬の解析まで行うためには，正規方程式の係数行列の逆行列を計算する必要があった[26]。また，研究用であれば数十枚から高々百枚程度のバンドル調整ができればよいが，実作業で使うには少なくとも百枚～数百枚を超える調整計算が場合によっては必要になるので，記憶容量の少ない当時のコンピュータでは，プログラム開発の困難さも桁違いに増加した。

コンピュータの国米国では，1960年代中頃になると，高性能のコンピュータの利用環境が整っていた沿岸測地測量局，D.Brown社，オハイオ州立大学，レイセオン社において，Schmidの方法を踏襲したバンドル調整のプログラムの開発が進められたようである[4],[12]～[14]。その中で，D.Brown社のDavisの論文[13]は，プログラムを開発しテストしたという内容であるが，教科書的で分かりやすい。沿岸測地測量局のKellerは，実用的な運用の結果，90枚の写真のバンドル調整によるブロック調整を，CDC 6600（世界で初めてのスーパーコンピュータといわれる）を用いて17分で計算し＄85の経費を必要としたこと，汎用コンピュータのIBM 7030では2.5時間で＄615かかったと報告している（＄1 = 360円の時代である）[51]。

わが国の日本写真測量学会誌「写真測量」では，1970年にブロック調整についての特集を組んでいる。当時，民間航測会社で採用されていたブロック調整の方法が報告されているが，いずれの報告も，当時の小・中型コンピュータを用いた，コ

ースを単位とする繰返し近似解によるブロック調整である。その中で，Narita[25]は，ニューサウスウエール大学で実施したバンドル調整の研究成果を報告している。また，石川[26]は，ブロック調整に必要な大規模な行列の最小二乗解の手法について報告している。

1970年代初頭は，バンドル調整を博士論文のテーマとして取り上げる学生が多かった。バンドル調整では，各写真上の観測点ごとの共線条件式の観測方程式から，多数の未知量を含む正規方程式が導かれる。正規方程式の係数行列は，ゼロの要素を多く含む対称行列であることから，写真の外部標定要素，パスポイント・タイポイントの地上座標値を，繰り返し近似計算により効率良く求める方法が研究された。また，写真の外部標定要素と観測点の地上座標を別個に効率良く解くために，縮約正規方程式の方法が導かれた。

さらに，ブロック調整の手法が高度化・大規模化するにつれて，観測点の大誤差（ブランダーあるいはアウトライア）の検出が困難であるという問題が明らかになり，ロバストな手法がいろいろと研究された。

国際写真測量学会（ISP，後にISPRS）の第Ⅲ部会では，1968年のスイスにおけるローザンヌ会議の後，シミュレーションデータを用いた解析空中三角測量の精度解析の共同研究を実施しており，Andersonほか[31]には，その活動内容が報告されている[30]。その共同研究には，世界中から12の機関が参加したが，バンドル調整のソフトを持って参加したのは，ヘルシンキ工科大学，米国陸軍地図局，D.Brownシステム社，米国海洋測量局（前：沿岸測地測量局）の4機関であった。ちなみに，その他の8機関は，カナダNRC，ウィスコンシン大学，パシフィック航空（現：パスコ），アジア航測，国際航業，東洋航空（現：朝日航洋），オハイオ州立大学（以上はコース調整法），シュトゥットガルト大学（独立モデル調整法）である。当時の世界的な研究機関，政府地図局，民間会社における空中三角測量の実態を反映すものとして興味深い。

共同研究では，標準偏差が6μmの偶然誤差とレンズ収差とフィルム変形の系統誤差を与えた仮想の写真座標を準備した。参加者は，それぞれの空中三角測量の調整計算を実施し，理想的なデータとの比較により精度を分析している。その結果，バンドル調整が費用はかかるが，コース調整法や独立モデル調整法に比較して一番精度が高かったと報告されている。

1970年代初めは，大学や研究機関でバンドル調整の研究が盛んに実施された時

期であった．独立モデル調整法の PAT-M で有名な Ackermann [32] も，この頃バンドル調整の PAT-B を開発し研究に使用している．

大学における研究で作成されたバンドル調整の FORTRAN プログラムは，一般に販売されるようになり（PAT-B や BLUH が販売される以前の話であるが），先進的な民間航測会社ではバンドル調整をルーチン業務に導入するようになってきた．たとえば，カリフォルニアエアロトポ社は，1973 年頃には後にオハイオ州立大学教授となった Toni Schenk がスイスの大学で開発したバンドル調整のプログラムを導入しており，筆者もそのプログラムを使って開発者と一緒に大縮尺地図作成事業において，数百枚の写真のバンドル調整による空中三角測量のデータ処理を行った経験がある．

バンドル調整は，大縮尺地図作成のプロジェクトにおいては，コース調整法などに比して，基準点測量を少なくするコストダウン効果と全体の品質向上の効果があった．

しかしながら，当時コンピュータをふんだんに使える環境は極めて限定された範囲にしか整備されていなかった．民間の計算センターのコンピュータの時間貸しによる仕事も，大学内における使用料と比較し高価で，データに紛れ込む過誤データを効率良く見つけ出し，計算時間を削減することが困難であった．

付.4 セルフキャリブレーションつきバンドル調整

4.1 セルフキャリブレーションの概念と誤差モデル

バンドル調整で扱われる観測値には，偶然誤差のみならず系統誤差が補正されず残っていることがある．バンドル調整で使用される一般的な共線条件式に誤差モデルの項（$\Delta x, \Delta y$）を加えて記述すると式（付.1）が書ける．

$$x - x_p + \Delta x = -c \frac{(X-X_O)m_{11} + (Y-Y_O)m_{12} + (Z-Z_O)m_{13}}{(X-X_O)m_{31} + (Y-Y_O)m_{32} + (Z-Z_O)m_{33}}$$
$$y - y_p + \Delta y = -c \frac{(X-X_O)m_{21} + (Y-Y_O)m_{22} + (Z-Z_O)m_{23}}{(X-X_O)m_{31} + (Y-Y_O)m_{32} + (Z-Z_O)m_{33}}$$
（付.1）

ここで，

x, y ：観測点の写真座標
x_p, y_p ：主点の写真座標系における位置

c	：画面距離
X, Y, Z	：観測点の地上座標
$X_\mathrm{O}, Y_\mathrm{O}, Z_\mathrm{O}, m_{11}, m_{12}, \cdots, m_{33}$	：写真の外部標定要素に関係する係数

　この系統誤差は，ある「誤差モデル」で説明可能であり，調整計算のモデルの一部にこのような誤差モデルを付加して調整精度を向上させることが可能である。これがセルフキャリブレーションの基本的な考え方である。なお，式（付.1）の x_p, y_p や c は，系統誤差を含むとして取り扱われることもある。

　調整計算に組み込まれる誤差モデルは，パラメータの形と数でもって表現される。一般的に，セルフキャリブレーションのパラメータとして，

① カメラの内部標定要素やレンズ収差に関係したもの
② 写真や画像データの系統的な歪み

の2種類が主なものとして考えられる。

　また，誤差モデルの設定においては，誤差調整のパラメータ間の相関の高さに関する問題がある。すなわち，誤差モデルのパラメータや写真の標定要素の間の相関が高いと，調整計算の解が不安定となり，解の信頼度が低下する（オーバーパラメタライゼーションという）。パラメータ間の相関が強いということは調整計算の対象となるデータが，パラメータを正確に決定するために十分に独立な情報を含んでいないことになる。バンドル調整の対象としたデータの基準点が三次元的に分布しているか否か，パスポイント・タイポイントの分布が適切か否かによっても解の安定性が左右される。

　このような要素を考慮した種々の誤差モデルが考えられている。誤差モデルの多くは，非計測用カメラを使った近接写真測量の研究により提案されたものであるが，航測カメラの誤差モデルとの比較も興味深いと思われるので，まず以下に各種の誤差モデルを紹介する。

(1) Brown (1971)[34]

$$\begin{aligned}
\Delta x &= \bar{x}\left(k_1 r^2 + k_2 r^4 + k_3 r^6 + \cdots\right) \\
&\quad + \left[p_1\left(r^2 + 2\bar{x}^2\right) + 2p_2 \overline{xy}\right]\left[1 + p_3 r^2 + \cdots\right] \\
\Delta y &= \bar{y}\left(k_1 r^2 + k_2 r^4 + k_3 r^6 + \cdots\right) \\
&\quad + \left[2p_1 \bar{x}\bar{y} + p_2\left(r^2 + 2\bar{y}^2\right)\right]\left[1 + p_3 r^2 + \cdots\right]
\end{aligned} \quad (\text{付}.2)$$

ここで，

$$\bar{x} = x - x_\mathrm{p}$$
$$\bar{y} = y - y_\mathrm{p}$$
$$r = \left[(x-x_\mathrm{p})^2 + (y-y_\mathrm{p})^2\right]^{\frac{1}{2}}$$

このモデルは,レンズの放射方向歪みとディセンタリング歪みをモデル化したものである.

(2) Brown (1975)[42]

$$\begin{aligned}\Delta x =\;& a_1 x + a_2 y + a_3 x^2 + a_4 xy + a_5 y^2 + a_6 x^2 y + a_7 xy^2 \\ &+ \frac{x}{r}\left(c_1 x^2 + c_2 xy + c_3 y^2 + c_4 x^3 + c_5 x^2 y + c_6 xy^2 + c_7 y^3\right) \\ &+ x\left(k_1 r^2 + k_2 r^4 + k_3 r^6\right) + p_1\left(y^2 + 3x^2\right) + 2p_2 xy + \delta x_\mathrm{p} + \left(\frac{x}{c}\right)\delta_c \\ \Delta y =\;& b_1 x + b_2 y + b_3 x^2 + b_4 xy + b_5 y^2 + b_6 x^2 y + b_7 xy^2 \\ &+ \frac{y}{r}\left(c_1 x^2 + c_2 xy + c_3 y^2 + c_4 x^3 + c_5 x^2 y + c_6 xy^2 + c_7 y^3\right) \\ &+ y\left(k_1 r^2 + k_2 r^4 + k_3 r^6\right) + 2p_1 xy + p_2\left(x^2 + 3y^2\right) + \delta y_\mathrm{p} + \left(\frac{y}{c}\right)\delta_c \end{aligned}$$

(付.3)

ここで,

$a_1, a_2, \cdots, a_7, b_1, b_2, \cdots, b_7$	:多項式で表される系統的誤差を表すための係数
$c_1, c_2, \cdots, c_7$	:フィルムの歪曲の補正係数
k_1, k_2, k_3	:放射方向レンズ収差に関する係数
p_1, p_2	:接線方向レンズ収差の係数
c	:画面距離
$\delta x_\mathrm{p}, \delta y_\mathrm{p}$	:主点位置ずれの補正量
δ_c	:画面距離の補正量

この誤差モデルは,航測カメラ用に開発されたが,近接写真測量でも広く使われている[54].

(3) Brown (1976)[29]

$$\Delta x = a_1 x + a_2 y + a_3 xy + a_4 y^2 + a_5 x^2 y + a_6 xy^2 + a_7 x^2 y^2$$
$$+ \frac{x}{c}\left\{ a_{13}(x^2 - y^2) + a_{14} x^2 y^2 + a_{15}(x^4 - y^4) \right\}$$
$$+ x\left\{ a_{16}(x^2 + y^2) + a_{17}(x^2 + y^2)^2 + a_{18}(x^2 + y^2)^3 \right\}$$
$$+ a_{19} + a_{21}\left(\frac{x}{c}\right)$$

$$\Delta y = a_8 xy + a_9 x^2 + a_{10} x^2 y + a_{11} xy^2 + a_{12} x^2 y^2 \qquad (付.4)$$
$$+ \frac{y}{c}\left\{ a_{13}(x^2 - y^2) + a_{14} x^2 y^2 + a_{15}(x^4 - y^4) \right\}$$
$$+ y\left\{ a_{16}(x^2 + y^2) + a_{17}(x^2 + y^2)^2 + a_{18}(x^2 + y^2)^3 \right\}$$
$$+ a_{20} + a_{21}\left(\frac{x}{c}\right)$$

式（付.4）の係数 $a_1, a_2, \cdots, a_{12}$ は，放射状の性質を持たない変位や未修正のフィルム変形による系統誤差を表現するパラメータである．これら12個のパラメータの係数はほぼ直交しており，かつ $a_{13}, \cdots, a_{18}$ の6個のパラメータの係数とも，ほぼ直交するように選択されている．a_{13}, a_{14}, a_{15} の3つのパラメータは，主として，フィルムの平坦度の欠如に起因する系統誤差に関わるもので，この誤差は，主点からの放射距離に，通常あまり依存していないことが分かっている．また，変則的な接線方向の偏位を表現するためにも使われるパラメータである．必要ならば誤差モデルの最初の部分にある $a_5 x^2 y$ や $a_{11} xy^2$ の項と組み合わせて，フィルムの平坦度の欠如に起因する系統誤差の，非対称部を表現するのにも役立つ．係数 a_{16}, a_{17}, a_{18} は，残存している放射方向レンズ収差と，フィルムの平坦度の欠如に起因する誤差の中の対称で放射状の要素を示す．係数 $a_{13}, \cdots, a_{18}$ のいくつかは，比較的強い相関を持つことが多い．係数 a_{19}, a_{20}, a_{21} は内部標定の要素（主点位置および画面距離の補正量）に対応しており，収斂撮影やカメラに回転を与えた撮影のように特殊な条件のもとでのみ決定できる．

直交多項式の誤差モデルとしては，ドイツのシュトゥットガルト大学のTangほかの論文[56]がネット上に掲載されているが，そのほかで参考となる論文はそれほど多くはないようである．Tangほかは，ルジャンドルの多項式からグラム・シュミットの直交化法で直交多項式を導いているようである．多項式の項の相互の直交性についても評価の方法があるが，筆者には正確に記述できないので，別途函数論

の本で勉強されたい。

なお，誤差モデルのパラメータが，オーバーパラメタライゼーションでないかどうかは，最小二乗解を適用して求めた誤差モデルの未知係数の分散・共分散行列から相関係数を求めて，その相関の高低からも評価できる（表付.1 参照）。

(4) Brown (1976)[50]

$$\Delta x = a_1 x + a_2 y + a_3 xy + a_4 y^2 + a_5 x^2 y + a_6 xy^2 + a_7 x^2 y^2$$
$$+ \frac{x}{c}\left\{ a_{13}\left(x^2 - y^2\right) + a_{14} x^2 y^2 + a_{15}\left(x^4 - y^4\right)\right\}$$
$$+ x\left\{ a_{16}\left(x^2 + y^2\right)^2 + a_{17}\left(x^2 + y^2\right)^4 + a_{18}\left(x^2 + y^2\right)^6\right\}$$
$$\Delta y = a_8 xy + a_9 x^2 + a_{10} x^2 y + a_{11} xy^2 + a_{12} x^2 y^2 \quad\quad (付.5)$$
$$+ \frac{y}{c}\left\{ a_{13}\left(x^2 - y^2\right) + a_{14} x^2 y^2 + a_{15}\left(x^4 - y^4\right)\right\}$$
$$+ y\left\{ a_{16}\left(x^2 + y^2\right)^2 + a_{17}\left(x^2 + y^2\right)^4 + a_{18}\left(x^2 + y^2\right)^6\right\}$$

(5) Ebner (1976)[50]

$$\Delta x = a_1 x + a_2 y - a_3 \left(2x^2 - \frac{4}{3}B^2\right) + a_4 xy + a_5 \left(y^2 - \frac{2}{3}B^2\right)$$
$$+ a_7 x\left(y^2 - \frac{2}{3}B^2\right) + a_9 y\left(x^2 - \frac{2}{3}B^2\right) + a_{11}\left(x^2 - \frac{2}{3}B^2\right)\left(y^2 - \frac{2}{3}B^2\right)$$
$$\Delta y = -a_1 y + a_2 y + a_3 xy - a_4\left(2y^2 - \frac{4}{3}B^2\right) + a_6\left(x^2 - \frac{2}{3}B^2\right) \quad (付.6)$$
$$+ a_8 y\left(x^2 - \frac{2}{3}B^2\right) + a_{10} x\left(y^2 - \frac{2}{3}B^2\right) + a_{12}\left(x^2 - \frac{2}{3}B^2\right)\left(y^2 - \frac{2}{3}B^2\right)$$

ここで，B は写真上の写真基線の長さである。

この誤差モデルは，直交多項式の 12 個の係数から選んだモデルを使用しており，1970 年代中頃から空中写真のセルフキャリブレーションに広く使用された[55]。

(6) El-Hakim (1977)[50]

$$\Delta x = (x - x_p)T$$
$$\Delta y = (y - y_p)T$$
$$T = a_{00} + a_{11}\cos\lambda + b_{11}\sin\lambda + a_{20}r + a_{22}r\cos^2\lambda + b_{22}r\sin 2\lambda \quad (付.7)$$
$$\quad + a_{31}r^2\cos\lambda + b_{31}r^2\sin\lambda + a_{33}r^2\cos 3\lambda + b_{33}r^2\cos 3\lambda + \cdots$$
$$\lambda = \tan^{-1}\frac{y - y_p}{x - x_p}$$

(7) Moniwa（1977）[50]

$$\Delta x = dr_x + dp_x + dg_x$$
$$\Delta y = dr_y + dp_y + dg_y$$
$$dr_x = (x - x_p)(k_1 r^2 + k_2 r^4 + k_3 r^6)$$
$$dr_y = (y - y_p)(k_1 r^2 + k_2 r^4 + k_3 r^6)$$
$$dp_x = p_1\left(r^2 + 2(x - x_p)^2\right) + 2p_2(x - x_p)(y - y_p)$$
$$dp_y = p_2\left(r^2 + 2(y - y_p)^2\right) + 2p_1(x - x_p)(y - y_p)$$
$$dg_x = A(x - x_p)$$
$$dg_y = B(y - y_p)$$

(付.8)

この誤差モデルは，photo-variant のバンドル調整に適用された[57]。

(8) 村井ほか（1984）[45]

$$\Delta x = x_p + x(k_1 r^2 + k_2 r^4 + k_3 r^6) + (p_1 x + p_2 y + p_3 xy + p_4 y^2)$$
$$\Delta y = y_p + y(k_1 r^2 + k_2 r^4 + k_3 r^6) + (p_5 xy + p_6 x^2)$$

(付.9)

4.2　セルフキャリブレーションつきバンドル調整の研究

　Kenefic ほか[33] は，Apolo 14 の月面調査ミッションにおけるハッセルブラッドカメラの写真撮影時の内部標定要素の誤差を，地球に帰還後に実施した空中三角測量の過程で補正する方法"In-flight Self-calibration"を開発した。一般の空中写真と同様に月面を撮影した垂直写真で，写真の内部標定の要素をキャリブレーションできるということで，非常に驚かされたことを記憶している。後で理解したことであるが，この論文では，月面の撮影は垂直写真であるが，最後に後ろを振り返って撮影した写真が結果として回転のかかった収斂撮影となっていたのでキャリブレーションが可能であった。セルフキャリブレーションに用いられた誤差モデルは，Brown の式（付.1）のモデルで，レンズの放射方向と接線方向の歪みである。PE に掲載された同じ内容の Kenefic ほかの論文[35] には，Brown は 1956 年にカメラの内部標定要素と対称放射レンズ収差を補正するセルフキャリブレーションの方法を開発したという記述がある。また，Brown は，1971 年に下げ振り（Plumb line）法による近接撮影カメラのキャリブレーション法を発表しているが，その中で「この方法は 10 年も前から使っているが著作権の関係で公開できなかった」と記述し

ている[34]。

このように，セルフキャリブレーションの方法は，当初非計測用カメラといわれる航測用カメラ以外のカメラを使った測量の精度向上を目的として考案された。

その後，発展的に空中三角測量の調整に取り入れられ，バンドル調整による空中写真のブロック調整に組み込む各種の誤差モデルが提案されるようになった。これらの方法は，「セルフキャリブレーションつきバンドル調整」，「インフライト・キャリブレーション」，「付加パラメータによる調整」などと呼ばれた。

ただし，空中写真の場合は，一般に垂直写真が撮れるよう撮影が行われることから，近接写真測量のように，特殊な回転角を与えて撮影するとか，十分に三次元的な広がりを持つ対象物を撮影できないため複雑な誤差モデルによるセルフキャリブレーションを行うには限界がある。

Brownは，式（付.2）に示す誤差モデルを発表した後，式（付.3）〜（付.5）に示すように，近接写真測量に適用したいくつかの多項式を使った誤差モデルを提案している[36],[50]。セルフキャリブレーションにより系統的な誤差を徹底的に補正しようとするもので，その姿勢をたたえて「1ミクロンの男」と呼ばれた。

カリフォルニア大学でも，1971年から空中写真のインフライト・キャリブレーションや手持ちカメラを使ったカメラキャリブレーションの研究を実施しており，筆者もチームの一員として参加する機会があった[37]〜[41]。

そこで採用された誤差モデルは，高次の複雑な系統誤差が認められなかったことから，式（付.2）に示す主点位置のずれ，対称的放射レンズ収差および非対称接線方向レンズ収差をモデル化した比較的単純なものである。研究のための空中写真はWild社RC-8カメラで撮影された。空中写真はフィルムを使って撮影されたが，計測用のダイアポジティブはガラス乾板を使って作成された。図付.2は，セルフキャリブレーションで求めた航測カメラの放射方向および接線方向のレンズ収差の例を示す。

また，表付.1は，図付.2のセルフキャリブレーションのパラメータ間の相関係数を示す[38],[39]。

同じカメラでキャリブレーションフィールドの多数枚の写真を撮影し，それを用いたセルフキャリブレーションをしてみると，図付.2にも示すように異なる誤差モデルの係数とレンズ収差の曲線などが求められる。Nasuほか[40]は，その違いが有意なのかどうかをHotelingのT^2-testを用いて統計的にテストする方法を研究

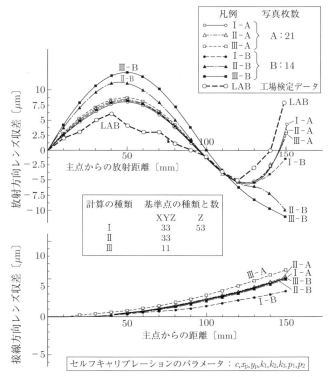

図付.2 セルフキャリブレーションで求めた放射方向および接線方向のレンズ収差の例[38), 39)]

した。

カナダのニューブランズイック大学のMoniwa(茂庭秀哉)[43)]は,博士論文で近接写真測量のセルフキャリブレーションの研究をしている。バンドル調整に組込む誤差モデルは,ブロック全体に共通な誤差モデル(block-invariant という)でよいのか,コースごと(strip-invariant)か,写真ごと(photo-invariant)かが研究のテーマであった(パーソナルコミュニケーションによる)。photo-variantとは,誤差モデルの未知係数を個々の写真について求めようとするものである。Moniwaが提案した式(付.8)のphoto-variantの誤差モデルがParmehrほか[50)]に,それを使った共同研究の結果がFaigほか[57)]に記載されている。

Schut[44)]は,いろいろな研究者が提案したバンドル調整における7種の誤差モ

表付.1 航測カメラのセルフキャリブレーションのパラメータ間の相関係数（図付.2 の例）[38), 39)]

	c	x_p	y_p	k_1	k_2	k_3	p_1	p_2
c	1.00							
x_p	−0.27	1.00						
y_p	−0.55	0.16	1.00					
k_1	0.17	0.02	0.00	1.00				
k_2	−0.14	−0.03	−0.01	−0.98	1.00			
k_3	0.11	0.04	0.02	0.93	−0.99	1.00		
p_1	−0.03	0.30	0.08	0.04	−0.03	0.03	1.00	
p_2	0.05	−0.01	−0.19	0.16	−0.15	0.15	−0.01	1.00
X_c	−0.23	0.59	0.15	−0.00	0.01	−0.01	0.03	−0.01
Y_c	−0.41	0.13	0.70	−0.01	0.01	0.00	0.05	0.12
Z_c	0.96	−0.27	−0.54	−0.01	0.03	−0.05	−0.03	0.02
ω	−0.09	0.03	0.15	−0.00	−0.00	0.00	0.01	−0.45
φ	−0.05	−0.10	0.05	−0.02	0.04	−0.04	0.33	−0.00
κ	−0.03	0.04	0.07	−0.02	−0.02	0.02	0.02	−0.17

デルについて，その効果を実験的に解析している．その結果によると，誤差モデルで補正される系統的な誤差の大部分は block-invariant であること，その原因はまだ分からないとしている．また，複雑な系統誤差の原因の多くは，撮影時のフィルムの変形や平坦性の欠如によるものであろうこと，その補正のためには，4つの指標だけではなく8つの指標を使って，個々の写真の内部標定の段階で補正するのが効果的であるとしている．

空中写真測量におけるセルフキャリブレーションつきバンドル調整は，カメラ・レンズ自身の品質や工場でのカメラ検定の精度が段々と向上してきたこともあり，解析空中三角測量の品質向上の貢献度は2割程度であったと考えられるが，空中三角測量の品質の安定化には貢献した．

空中三角測量におけるバンドル調整の研究は，1970年代でほぼ完成をみたと考えられる．

付.5 バンドル調整の実利用

5.1 バンドル調整の普及

　コンピュータのパワー向上や低廉化に従い，1980年代に入ると研究機関以外の小規模な民間航測会社でもバンドル調整の実利用が行われるようになった。ミニコン制御の解析図化機が民間航測会社に導入され始めたのもこの頃である。解析図化機は，ステレオコンパレータとしても利用され，空中三角測量が，それを専門とする部門の業務から，より一般的な写真測量の業務として実施されるようになっていく。解析図化機の出現により，それまでの空中三角測量がモデルごとの基準点（標定点）の増設が主たる役割であったものから，バンドル調整で求めた外部標定要素を，そのまま標定要素として使用することも可能となった。解析図化機は，結果として，写真測量の効率化や高度化にそれほど大きく貢献するものではなかったが，次の1980年代後半～1990年代に出現するデジタルな写真測量への橋渡し役を果たした。

　バンドル調整が普及していくに従って，最尤推定法である最小二乗解の処理の対象となる写真座標や基準点座標の観測データに過誤データが混入してもその発見が困難という実用的な問題が明確となり，ロバスト推定法が研究されるなど，ブランダーの検出方法が研究された[58)～60)]。

5.2 わが国におけるバンドル調整の進展

　わが国でも，1980年頃からバンドル調整やセルフキャリブレーションつきバンドル調整に関する研究が具体的に開始され始めた[45)～47), 64), 65)]。

　また，日本写真測量学会と東京大学村井研究室（村井ほか[45)]）では，セルフキャリブレーションつきバンドル調整プログラムを開発し，研究を行うとともに「学会バンドル法プログラム」として，多分野で実用に供している。

　わが国の航測会社におけるバンドル調整の実作業への導入は，まず海外におけるマッピングプロジェクトで実施された[71)]。

　さらに，1985年には，国土地理院の基本図測量作業規程において独立モデル調整およびバンドル調整による空中三角測量が採用され，公共測量においてバンドル調整が使用されるようになった[66)]。

付.6　GPS 空中三角測量からデジタル空中三角測量の時代への展開

6.1　GPS 空中三角測量の研究

　1988 年に京都で開催された ISPRS の第 16 回国際会議は，写真測量がアナリティカルからデジタルへ移行する過渡期の会議であった。空中三角測量の分野においても，将来の GPS などによる写真の外部標定の観測データの利用を見越したシミュレーションデータなどを使用したバンドル調整の研究が近津ほか[61]，Gruen[62]，Deren ほか[63] により報告されている。

　その後，GPS 関連技術の急速な発展により，1990 年頃からは，GPS 空中三角測量が実用的に利用できるようになった[67],[68]。航空機上の GPS 観測データを使用するバンドル調整は，地上に設置する基準点の数や労力を大幅に軽減する技術であったが，まもなく GPS/IMU が出現し普及したため，それにとって代られた。

6.2　GPS/IMU データを利用したバンドル調整

　GPS/IMU の技術は，1990 年代半ばには確立されていたというが，わが国には 2000 年頃から導入され始め，アナログ航空カメラ，デジタル航空カメラなどに装備され実利用が開始された[69],[70]。GPS/IMU から得られる外部標定要素の観測データを使用すれば，地上の基準点設置や空中三角測量を実施しなくても写真測量の作業が実施できる。

　しかしながら，実際には得られた写真の外部標定要素のデータに GPS や IMU のシフト[10] などの系統誤差が認められたり，その結果，写真から立体モデルを形成したときに残存縦視差が存在することもあり，品質管理のためにも地上に何点かの基準点・チェック点を設置するとともに，GPS/IMU からの観測データを与件として取り込んだバンドル調整を適用することが多い。

　また，GPS/IMU を使用すれば，地上基準点の配置は，本質的には地上座標系とのシフト誤差を除くための 1 点でよく，空中写真測量技術の革新的な進歩が実現した。

　なお，GPS/IMU という呼称は，ロシアの測位衛星 GLONASS などが利用可能になると，測位衛星システム全体を表す GNSS を用いて GNSS/IMU が一般的に使用されるようになっている。

6.3 デジタル空中三角測量とバンドル調整

1990年代になり，フィルムをスキャナでデジタル化した写真を使用するデジタルステレオ図化機が開発され，その機能の中に「デジタル空中三角測量」の機能が組み込まれるようになり，バンドル調整が一般的になった．とくにパソコンを使用したシステムが開発されると，バンドル調整は急速に普及した．デジタル空中三角測量では，複数枚の写真における指標の位置の観測，パスポイント，タイポイントの選点・観測が自動・半自動で高速に実施できるようになるとともに，バンドル調整において必要な写真の外部標定要素や対象点の座標の初期近似値を効率良く設定できるようになり，空中三角測量の効率を顕著に向上させた．

さらに，バンドル調整により得られる写真の外部標定要素などの成果は，各写真の偏位修正に使用され，パスポイントやタイポイントは従来の標定用基準点としては必要でなくなった．

6.4 GNSS/IMU とデジタル航測カメラによる写真のバンドル調整

今日，航測カメラはGNSS/IMUを搭載したデジタルカメラになり，デジタル空中三角測量のバンドル調整によりブロック全体のデータを調整する．

今日のデジタル航測カメラは，バンドル調整を適用する前に複数個のカメラで撮影した画像を統合し1つの仮想のカメラで撮影された画像を合成する仕組みとなっている．その際，レンズ収差などの画像の歪みも補正される．その結果，写真測量の精度は，フィルムを使ったカメラの写真と比較して2〜3倍に向上し，写真座標の誤差の大きさでは2〜3μm（標準偏差）程度と考えられる．

しかしながら，Cramer[49]は，EuroSDRにおいて実施したデジタル航測カメラを使った研究において，バンドル調整によるセルフキャリブレーションを実施し精度が向上したと報告している．また，セルフキャリブレーションは，12個の係数の誤差モデルでは不十分で，さらに複雑な系統誤差が残存しているとしている．

また，橘[48]は，デジタル航測カメラのボアサイトキャリブレーションを実施した際の残存系統誤差の傾向を分析した結果から，系統誤差の存在を指摘している．

このことは，デジタル航測カメラの画像においても，セルフキャリブレーションつきバンドル調整などを使用すれば，系統誤差が補正され精度はさらに向上することを示唆している．

付.7 まとめ

　写真測量のバンドル調整とその拡張モデルであるセルフキャリブレーションつきバンドル調整について，1950 年代から今日（2010 年代）までの発達史を概観した。

　バンドル調整やセルフキャリブレーションつきバンドル調整によるブロック調整は，解析写真測量の萌芽期であった 1950 年代後半にはすでにその研究が開始されている。しかしながら，当時のコンピュータの機能は限定されたものであり，高価であったことから，その利用は比較的少数の写真を用い，かつ低性能のカメラを使用する近接写真測量で実用化が図られた。空中写真測量におけるバンドル調整の実利用については，コンピュータの普及・低廉化やその機能の向上が図られた 1980 年代にまで待たなければならなかった。

　一方で，デジタル航測カメラや GNSS/IMU が開発された結果，今日においては写真測量技術者が永年夢見てきた外部標定要素の直接観測が実現し，革新的なバンドル調整が可能となっている。

　しかし，デジタル航測カメラで得られた画像にも系統的な歪みが残存しているようである。これらの問題を解決するために，今後，改めて 1960〜1970 年代の研究成果が注目される場面が出現するかもしれない。

参考文献

1) Ackermann, F.E. (1964) : Development of strip- and block-adjustment during 1960-1964, Intern. Archives of Photogrammetry, Vol. XV, Part 5, Xth Intern. Congress of Photog., Com. III, Lisboa, Portugal.
2) Schmid, H. (1958-59) : Eine allgemeine analytische Loesung fur die Aufgabe der Photogrammetrie, Bildmessung und Luftbildwesen, 1958, 4, 1959, 1.
3) G.De Masson d'Autume (1961) : Calcul de l'enchainement et compensation interne d'une bande; Compensation d'un bloc de plusieurs bandes, Bolletino di Geodesia, XX, 3 and 4.
4) Schut, G.H. (1968) : Review of Strip and Block Adjustment During the Period 1964-1967, PE, Vol. 34, No. 4, pp.344-355.
5) G.de Masson d'Autume (1966) : The perspective bundle of rays as the basic element in aerial triangulation. Paper presented at the Symposium of Spatial Aerotriangulation, Urbana. (Published in Photogrammetria).
6) Schmid, H.H. (1956-57) : An Analytical Treatment of the Problem of Triangulation by Stereophotogrammetry, Photogrammetria, Vol. 12, No. 2 and 3.
7) Brown, D.C. (1958) : A Solution to the General Problem of Multiple Station Analytical

Stereotriangulation, RCA Data Reduction Technical Report No. 43, ASTIA Document No. 134278.
8) Schmid, H.H., Schmid, E. (1965) : A Genaralized Least Squares Solution for Hybrid Measuring Systems, U.S. Coast and Geodetic Survey Technical Bulletin, No. 24.
9) Doyle, F.J. (1964) : The Historical Development of Analytical Photogrammetry, PE, Vol. 30, No. 2, pp.259-265.
10) Anderson, James. M. (1964) : Analytic Aerotriangulation using Triplets, Intern. Archives of Photogram., Vol. XV, Part 5, Xth Intern. Congress of Photog., Com. III, Lisboa, Portugal.
11) Mikhail, E.M. (1964) : Analytical Aerotriangulation : Two-directional Triplets in Sub-blocks, Intern. Archives of Photog., Vol. XV, Part 5, Xth Intern. Congress of Photog., Com. III, Lisboa, Portugal.
12) Keller, M., Tewinkel, G.C. (1966) : Three-photo Aerotriangulation, U.S. Coast and Geodetic Survey Technical Bulletin, No. 29.
13) Davis, R.G. (1966) : Analytical Adjustment of Large Blocks, PE, Vol. 32, No. 1, pp.87-97.
14) Tewinkel, G.C. (1966) : Block Analytic Aerotriangulation, PE, Vol. 32, No. 6, pp.1056-1061.
15) Nasu, Mitsuru (1971) : Analytical and Semi-analytical Aerotriangulation Studies on a Topographic Plotter, Master Thesis, University of Washington, Seattle, Wash.
16) 中村英夫, 村井俊治 (1968):解析写真測量における MULTIPLETS METHOD について, 生産研究, 第20巻, 第4号.
17) Washer, F.E. (1956) : Sources of Error in Various Methods of Airplane Camera Calibration, PE, Vol. 22, No. 4, pp.727-740.
18) Washer, F.E. (1957) : A Simple Method of Locating the Point of Symmetry, PE, Vol. 23, No. 1, pp.75-88.
19) Washer, F.E. (1957a) : Effect of Prism on the Location of the Principal Point, PE, Vol. 23, No. 3, pp.520-532.
20) Washer, F.E. (1957b) : Prism Effect, Camera Tipping, and Tangential Distortion, PE, Vol. 23, No. 4, pp.721-732.
21) Brown, D.C. (1966) : Decentering Distortion of Lenses, PE, Vol. 32, No. 3, pp.444-462.
22) Rosenfield, G.H. (1963) : Calibration of a Precision Coordinate Comparator, PE, Vol. 24, No. 1, pp.161-173.
23) Hallert, B.P. (1965) : Test Measurement in Comparator snd Tolerances for Such Instruments, PE, Vol. 31, No. 5, pp.853-859.
24) Schut, G.H. (1969) : Photogrammetric Refraction, PE, Vol. 35, No. 1, pp.79-86.
25) Narita, Kiyoshi (1970) : 解説「Block Adjustment Utilizing Least Squares Methods at the Object Point」, 写真測量, Vol. 9, No. 4, pp.21-28.
26) 石川甲子男 (1970):解説「電子計算機による大きな行列の最小2乗解」, 写真測量, Vol. 9, No. 4, pp.58-62.
27) 日本写真測量学会解析写真測量委員会 (1981):解析写真測量講座, 第4章 単写真測量, Vol. 20, No. 1, pp.22-32.
28) 日本写真測量学会解析写真測量委員会 (1982a):解析写真測量講座, 第10章 バンドル法によるブロック調整, Vol. 21, No. 3, pp.23-35.
29) 日本写真測量学会解析写真測量委員会 (1982b):解析写真測量講座, 第11章 バンドル法によるブロック調整 (続き), Vol. 21, No. 4, pp.23-35.
30) Nasu, M., Kaji, K., Kamiya, R. (1968) : An Experiment on Aerotriangulation

by Simulation, Archives of the XI Congress of Intern. Society of Photog., Lausanne, Switzerland.
31) Anderson, J.M., Ramey, E.H. (1973) : Analytical Block Adjustment, PE, Vol. 39, No. 10, pp.1087-1096.
32) Ackermann, F. (1975) : Results of Recent Tests in Aerial Triangulation, PE&RS, Vol. 41, No. 1, pp.91-99.
33) Kenefick, J.F, Gyer, M.S., and Harp, B.F. (1971) : In-Flight Calibration of the Apollo 14 500 mm Hasselbled Camera, Symposium on Computational Photogrammetry, San Francisco, Calif.
34) Brown, D.C. (1971) : Close-Range Camera Calibration, PE, Vol. 37, No. 8, pp.855-866.
35) Kenefick, J.F, Gyer, M.S., and Harp, B.F. (1972) : Analytical Self-Calibration, PE, pp.1117-1126.
36) Brown, D.C. (1972) : Calibration of Close-Range Cameras, XII Congress of the Intern. Society of Photog., Ottawa, Canada.
37) Anderson, J.M., Erio, G., Lee, C. (1974) : Analytical bundle triangulation with large scale photography : comparison with polynomial adjustment and experiments using added parameters. Proceedings of the 1974 Symposium of Com.III of the ISP, Munich.
38) Anderson, James. M., Erio, George., Lee, Clement., Nasu, Mitsuru (1975) : Analytical In-Flight Calibration on an Aerial Mapping Camera, College of Engineering, University of California, Berkeley, U.S.A.
39) Anderson, J.M., Lee, Clement (1975) : Analytical In-Flight Calibration, PE&RS, Vol. 41, No. 11, pp.1337-1348.
40) Nasu, Mitsuru, Anderson, J.M. (1976) : Statistical Testing Procedures Applied to Analytical Camera Calibration of Non-Metric Systems, PE&RS, Vol. 42, No. 6, pp.777-788.
41) 那須充 (1980)：手持ちカメラのセルフ・カリブレーション, APA, No. 11, 1980.1.
42) Ebner, H. (1976) : Self Calibrating Block Adjustment, Proceedings of XIII Congress of the Intern. Society for Photog., Helsinki.
43) Moniwa, Hideya (1977) : Analytical Photo-grammetric System With Self-Calibration and its Applications, Ph.D. Thesis, Geodesy and Geomatics Engineering, University of New Brunswick, Fredericton, Canada.
44) Schut, G. H. (1979) : Selection of Additonal Parameters for the Bundle Adjustment, PE&RS, Vol. 45, No. 9, pp. 1243-1352.
45) 村井俊治, 松岡龍治, 奥田勉 (1984)：セルフキャリブレーション付きバンドル法の精度比較, 写真測量とリモートセンシング, Vol. 23, No. 2, pp.4-11.
46) 那須充, 内田修, 木谷隆 (1980)：空中三角測量におけるシステム・キャリブレーションの比較, 日本写真測量学会秋季学術講演会論文集.
47) 村井俊治, 鈴木真 (1982)：バンドル法による空中三角測量の精度に関する研究, 写真測量とリモートセンシング, Vol. 21, No. 2, pp.26-31.
48) 橘菊生 (2011)：デジタル航空カメラの特性, 解説「写真測量とリモートセンシング」, Vol. 50, No. 2, pp.409-413.
49) Cramer, Michael (2009) : The EuroSDR Performance Test for Digital Aerial Camera System, http://www.ifp.uni-stuttgart.de/publications/phowo07/120Cramer.pdf.
50) Parmehr, E.G., Azizi, A. (2004) : A Comparative Evaluation of the Potential of Close Range Photogrammetric Technique for the 3D Measurement of the Body of a Nissan patrol Car, Proceedings, ISPRS XXXV Istanbul congress, Commission V, WG VI/1.
51) Keller, M. (1967) : Block Adjustment Operation at C&GS, PE, Vol. 33, No. 11,

pp.1266-1275.
52) Ziemann, H. (1971a) : Is the Request for Eight Fiducial Marks Justified?, PE, Vol. 37, No. 1, pp.67-75.
53) Ziemann, H. (1971b) : Source of Image Deformation, PE, Vol. 37, No. 12, pp.1259-1265.
54) American Society of Photogrammetry and Remote Sensing (1980) : Manual of Photogrammetry and Remote Sensing, The Forth Edition.
55) American Society of Photogrammetry and Remote Sensing (2004) : Manual of Photogrammetry and Remote Sensing, The Fifth Edition.
56) Tang, R., Fritsch, D., Cramer, M. (2012) : A Novel Family of Mathematical Self-Calibration Additional Parameters for Airborne Camera Systems, EuroCOW 2012, http://www.ifp.uni-stuttgart.de/publications/2012/Tang_EuroCOW2012.pdf/.
57) Faig, W., Owolabi, K. (1988) : The Effect of Image Point Density on Photo-variant and Photo-invariant Bundle Adjustment, Proceedings of 16th congress of ISPRS, Kyoto, Japan, http://www.isprs.org/proceedings/XXVII/congress/part3/170_XXVII-part3.pdf.
58) Kubik, K., Merchant, D., and Schenk, Toni (1987) : Robust Estimation in Photogrammetry, PE&RS, Vol. 53, No. 2, pp.167-169.
59) Veress, S. A., Youcai, Huang (1987) : Application of Robust Estimation in Close-Range Photogrammetry, PE&RS, Vol. 53, No. 2, February, pp.171-175.
60) Kilpela, Einari, (1988) : Report on the Activities of Com. III 1984-1988, Intern. Archives of Photog. and RS, Vol. 27, Part B3, Com. III, ISPRS 16th Kyoto Congress, pp.367-376.
61) Chikatsu, Hirofumi, Kasugaya, N., Murai, S. (1988) : An Adjustment of Photogrammetry Combined with the Geodetic Data and GPS, Intern. Archives of Photog. and Remote Sensing, Vol. 27, Part B3, Com. III, ISPRS 16th Kyoto Congress, pp.110-121.
62) Gruen, A. (1988) : The Accuracy of Potential of Self-calibrating Aerial Triangulation without Control, Intern. Archives of Photog. and Remote Sensing, Vol. 27, Part B3, Com. III, ISPRS 16th Kyoto Congress, pp.245-253.
63) Deren, Li, Jie, Shan(1988) : Quality Analysis of Bundle Block Adjustment with Navigation Data, Int. Arc. of Photog. and RS, Vol. 27, Part B3, Com. III, ISPRS 16th Kyoto Congress, pp.245-253.
64) 内田修, 小川信彦, 那須充 (1980)：空中三角測量の調整法の違いによる精度比較, 日本写真測量学会秋季学術講演会論文集.
65) 稲葉和雄, 斉藤文男, 八木新太郎 (1985)：空中三角測量各種ブロック調整法の精度について, 日本写真測量学会昭和60年度学術講演会論文集.
66) 稲葉和雄 (1985)：空中三角測量における独立モデル法及びバンドル法の採用について, 写真測量とリモートセンシング, Vol. 24, No. 4, pp.22-24.
67) 長谷川博幸, 福島芳和, 山根清一, 阿久津修 (1999)：GPS空中三角測量（大縮尺撮影地域実験から自動画像空中三角測量へ）, APA 第72号.
68) 浦辺ぼくろう, 野口真弓, 小荒井衛 (2001)：整数値バイアス同時決定法GPS空中三角測量の精度検証, 写真測量とリモートセンシング, Vol. 40, No. 4, pp.37-44.
69) 上杉晃平, 加藤三卓, 森田浩司 (2002)：GPS/IMUによる写真測量, 日本写真測量学会平成14年度年次学術講演会発表論文集, pp.11-16.
70) 橘菊生, 州浜智幸, 上杉晃平, 久保孝嘉, 加藤三卓 (2002)：GPS/IMU直接座標参照システムの精度検証, 日本写真測量学会平成14年度年次学術講演会発表論文集, pp.211-216.
71) 遠藤義幸 (1984)：クエートプロジェクトの概要, APA, No. 26, 1984.5.

索　引

英数字

AR　　76

BiCG 法　　44
BLUH　　162
Bundler　　76

CAD　　66
camera-variant　　115
CG 法　　44
Cholesky 分解　　44
Church 法　　156
Compressed Sparse Row　　45
CSR 方式　　45

DLT　　62, 64
dogleg 法　　60
DSM　　62
DSM 計測　　15

Exif ファイル　　70

FOD　　85

Gauss-Seidel 法　　44
Gauss の消去法　　44
GIS　　66
GMRES 法　　44
GNSS/IMU　　18
GPS/IMU　　172
GPS 空中三角測量　　172

ICP　　78
ISPRS　　155

Levenberg-Marquardt 法　　18
LSM　　65

MKL　　47
MR　　76
MVS　　122

OCM 法　　65
OpenCV　　123
OpenMVG　　138

PAT-B　　162
PAT-M　　162
Photo Tourism　　76
photo-variant　　115

RANSAC 法　　76

Samantha　　76
SfM　　76
SIFT　　76
SIFT 法　　76
SLAM　　77
SOD　　85
SOR 法　　44
Sparse Bundle Adjustment　　76
Sparse Matrix　　45
SURF　　77

THOD　　85
TIN モデル　　62, 65
TIN-LSM 法　　65
TLS　　77
TS　　62

UAV　　79
UTM 座標系　　23

Visual SLAM　　76

ZOD　　85

5 点法　　76
8 点法　　76

あ行

アウトライア　　59
アフィン歪み　　116
イタレーション法　　159
一般化最小残差法　　44
一般逆行列　　89
色収差　　72
因子分解法　　122
インドアマッピング　　79
インフライト・キャリブレーション　　168
エピポーラ拘束　　130
エピポーラ線　　64, 131
エピポーラライン　　64
鉛直空中写真　　3
鉛直写真　　3
オーバーパラメタライゼーション　　163
オーバラップ　　17
オープンソース　　138
オクルージョン　　65
オプティカルフロー　　20
重み行列　　33, 34
オルソ画像　　62

か行

解析空中三角測量　　159
回転行列　　112
外部標定　　9, 10
外部標定要素　　9, 10, 23
ガウス・ニュートン法　　18
拡張現実　　76
画像局所特徴量　　124
画像座標　　21
画像センサ　　3
画像認識　　121
画像マッチング　　36
カメラキャリブレーション　　10
カメラ行列　　130
カメラ座標系　　23
画面距離　　6
カラーコードターゲット　　75

観測誤差　36	コンピュータビジョン　4	人工衛星画像　109
観測点　27		ジンバルロック　123
観測ネットワーク　106	**さ行**	
観測方程式　30	サードオーダーデザイン　85	水準点　17
	最小拘束法　93	垂直空中写真　3
機械座標　21	最小二乗型一般逆行列　89	垂直写真　3
機械座標系　21	最小二乗法　94	ズームレンズ　70
幾何学的歪み　72	最小二乗マッチング　65	図化　15
擬似逆行列　87	最小ノルム型一般逆行列　89	スキャナ　173
基準尺　62, 109	再投影誤差　13	スキュー歪み　116
基準点　10, 17	サイドラップ　17	ステレオコンパレータ　21
基準点残差　51	作業規程の準則　19	ステレオ写真　8, 86
基準分散　35	撮影計画　61	ステレオビジョン　121
基礎行列　131	撮影コース　17	ステレオモデル　15
基本行列　133	撮像面　11	
逆問題　121	三角測量　4	正規化相互相関法　65
共線条件　8, 12	産業用カメラ　72	正規方程式　35, 40
共面条件　14	三次元空間　2	正則化　88
共役勾配法　44	三次元点群　20	精密工業計測　102
局所的バンドル調整　78	三次元モデル　66	精密工業計測用カメラ　103
局地座標系　23		セオドライト　4, 128
距離画像　121	四元法　123	セカンドオーダーデザイン　85
近接写真測量　102	視差　7	接線方向歪曲収差　67
	実体モデル　15	接続標定　158
偶然誤差　162	自動処理　4	絶対座標　23
空中三角測量　1, 16	自動標高抽出　15	絶対座標系　23
空中写真　2	自動標定　75	絶対標定　15, 63
空中写真測量　3	シフト　25	セルフキャリブレーション　19
グラム・シュミットの直交化法　165	シフトパラメータ　53	セルフキャリブレーションつきバンドル調整　19
	写真基線　166	ゼロオーダーデザイン　85
経緯儀　4	写真座標　22	前方交会法　4
計測被写体　61	写真座標系　22	
計測用カメラ　71	写真測量　1	相互標定　15
系統誤差　162	シューア補行列　41	疎行列　43, 45
検証点残差　51	収束撮影　106	測量　2
	収束判定　50	測量法　19
交会残差　13, 51	自由度　29	
広角レンズ　103	収斂撮影　165	**た行**
航空カメラ　59	縮約　40	ターゲット　20, 63
航空写真　2	縮約正規方程式　41	対応点　8
拘束条件　88	主点　11	大誤差　161
後方交会法　112	主点位置ずれ　27	タイポイント　8, 17
コース　17	焦点距離　6	多眼ステレオ　122
コード化ターゲット　75	初期化フェイズ　48	多項式法　16
国際写真測量学会　155	初期値　48	
誤差伝搬　156	初期値取得　111	
固定焦点　72		

縦視差 158
単位重み 36
単写真標定 62, 64

逐次的過剰緩和法 44
地上型レーザスキャナ 77
地上写真測量 3
地上点 28
中心投影 2
鳥瞰画像 62
直接定位 18
直交多項式 165

定常反復法 44
データスヌーピング 59
デジタル一眼レフ 103
デジタル画像 21
デジタルカメラ 3
デジタル写真測量 16
デジタル地表面モデル 62

投影 2,
投影中心 11, 23
同次座標 129
同時調整 44
同時標定 157
トータルステーション 62
特異値分解 89
特徴点数 142
独立モデル法 16
トランシット 4
ドリフト 25

な行
内部標定 10
内部標定要素 10
斜め空中写真 2

二眼ステレオ 7
二次元空間 2

ネガティブ 11
ネットワークデザイン 83

ノルム最小解 95

は行
パスポイント 18

パノラマ撮影 104
パノラマ撮影カメラ 104
半自動標定 74
反射型一般逆行列 89
反射ターゲット 74, 105
バンドル調整 1
反復計算フェイズ 49
汎用最小二乗解 157

ピクセルサイズ 22
非計測用カメラ 61, 71
ビジュアライゼーション 76
非線形最小二乗法 18
非定常反復法 44
評価フェイズ 50
標定 9, 10
標定点 10, 59
ピンホールカメラ 11
ピンホールカメラモデル 11

ファーストオーダーデザイン 85
フィルム変形 161
付加パラメータ 53
付加パラメータによる調整 168
複合現実 76
フリーネットワーク 79, 83
ぶれ補正機能 72
ブロック調整 1, 16
分割統治法 60
分散共分散行列 94

並進ベクトル 144
平面直角座標系 23
ヘッセ行列 127
ヘルマート変換 96
偏位修正画像 62, 64

ボアサイトキャリブレーション 59
望遠レンズ 103
方向符号化法 65
方向ベクトル 144
放射方向歪曲収差 67

ポジショニング 1
ポジティブ 11

ま行
マシンビジョン 121
マッピング 1
マニュアル標定 74

ミスアライメント 70
未知量 29

ムーアペンローズ逆行列 89
無限遠点 130
無人航空機 79

モーションステレオ 7
モデル 15
モバイルマッピング 79

や行
横視差 158

ら行
ラグランジュの未定乗数 94
ランク落ち 88
リアルタイム処理 4
両眼ステレオ 7

ルジャドルの多項式 165

レーザスキャナ 77
レンズ収差 114
レンズディストーション 22
レンズ歪み 10

ロバスト推定 138
ロボットビジョン 4, 79, 121

わ行
ワールド座標系 23
歪曲収差 118

<監修者>

近津博文（ちかつ・ひろふみ）
　東京電機大学 理工学部理工学科建築・都市環境学系 教授

<編者>

一般社団法人 日本写真測量学会

<編集幹事>

織田和夫（おだ・かずお）
　アジア航測株式会社
津留宏介（つる・こうすけ）
　公益社団法人 日本測量協会
布施孝志（ふせ・たかし）
　東京大学 大学院工学系研究科 社会基盤学専攻 准教授

<執筆者>

近津博文（ちかつ・ひろふみ）[刊行にあたって]
　東京電機大学 理工学部理工学科建築・都市環境学系 教授
織田和夫（おだ・かずお）[第1章・第2章・第7章]
　アジア航測株式会社
新名恭仁（にいな・やすひと）[第3章]
　アジア航測株式会社
高地伸夫（こうち・のぶお）[第4章]
　中央大学 研究開発機構 機構教授
小野　徹（おの・てつ）[第5章・第6章]
　株式会社ズームスケープ
布施孝志（ふせ・たかし）[第8章]
　東京大学 大学院工学系研究科 社会基盤学専攻 准教授
那須　充（なす・みつる）[付　録]
　アジア航測株式会社

三次元画像計測の基礎　　バンドル調整の理論と実践

2016 年 5 月 20 日　第 1 版 1 刷発行	ISBN 978-4-501-62980-9 C3051
2022 年 5 月 20 日　第 1 版 2 刷発行	

編　者　一般社団法人　日本写真測量学会
　　　　©Japan Society of Photogrammetry and Remote Sensing 2016

発行所　学校法人　東京電機大学　　〒120-8551　東京都足立区千住旭町 5 番
　　　　東京電機大学出版局　　Tel. 03-5284-5386（営業）03-5284-5385（編集）
　　　　　　　　　　　　　　　Fax. 03-5284-5387　振替口座 00160-5-71715
　　　　　　　　　　　　　　　https://www.tdupress.jp/

JCOPY ＜(社)出版者著作権管理機構 委託出版物＞
本書の全部または一部を無断で複写複製（コピーおよび電子化を含む）することは，著作権法上での例外を除いて禁じられています．本書からの複製を希望される場合は，そのつど事前に，(社)出版者著作権管理機構の許諾を得てください．
また，本書を代行業者等の第三者に依頼してスキャンやデジタル化をすることはたとえ個人や家庭内での利用であっても，いっさい認められておりません．
［連絡先］Tel. 03-5244-5088，Fax. 03-5244-5089，E-mail：info@jcopy.or.jp

制作：(株)チューリング　　印刷：(株)加藤文明社　　製本：誠製本(株)
装丁：齋藤由美子
落丁・乱丁本はお取り替えいたします．　　　　　　　　　Printed in Japan